INHALTSVERZEICHNIS

1 Die ganzen Zahlen

A Darstellung ganzer Zahlen

1 Lies unter Angabe des passenden Vorzeichens die Temperatur ab.

✱

a) 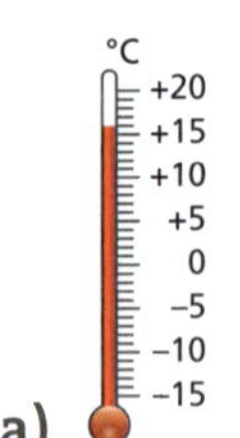

______

b) 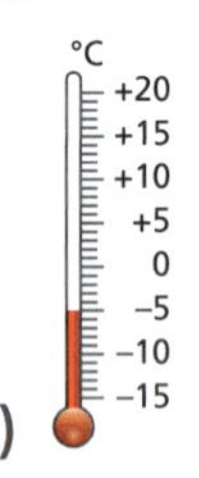

______

c) °C +20 +15 +10 +5 0 –5 –10 –15
______

d) 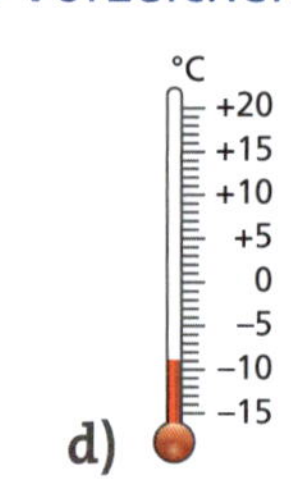

______

Vorzeichen
Zahlen über 0 haben das Vorzeichen „+“, Zahlen unter 0 das Vorzeichen „–“.

2 Zeichne die Temperatur in das Thermometer ein.

✱

a) 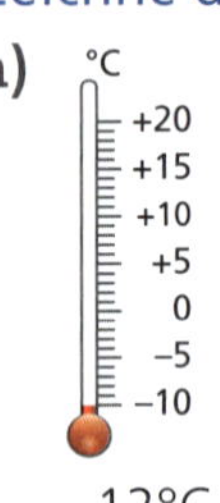

12°C

b) 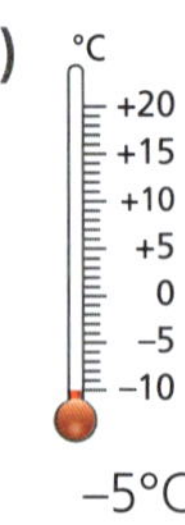

–5°C

c) 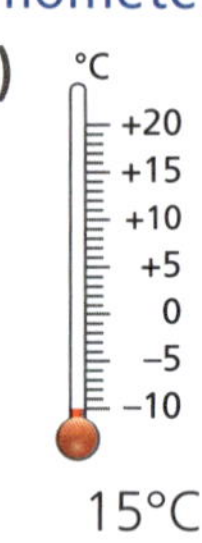

15°C

d) 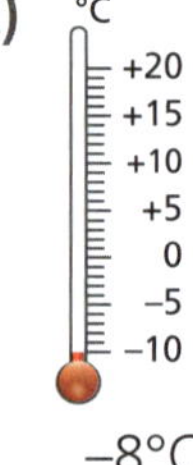

–8°C

3 Lies die Zahl unter Angabe des passenden Vorzeichens von der Zahlengeraden ab.

✱

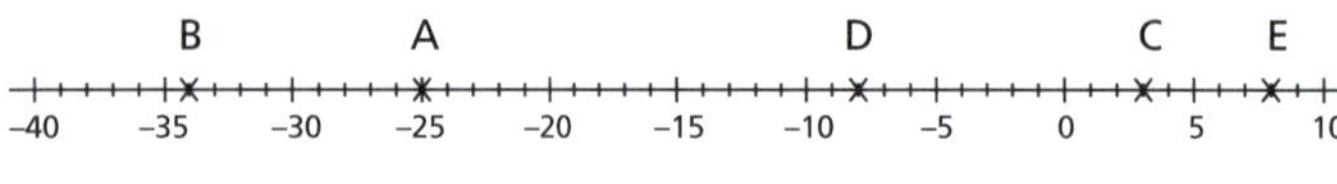

A = ______ B = ______ C = ______ D = ______ E = ______

4 Markiere die angegebenen Zahlen mit einem x auf der Zahlengeraden.

✱

a) $A = -6$ $B = +9$ $C = +1$ $D = -23$ $E = -37$ $F = 0$

–40 –35 –30 –25 –20 –15 –10 –5 0 5 10

b) $A = +10$ $B = -26$ $C = -1$ $D = +8$ $E = -22$ $F = +6$

–40 –35 –30 –25 –20 –15 –10 –5 0 5 10

5 Schreibe die Zahl mit dem passenden Vorzeichen.

✱

a) Das Tote Meer in Israel liegt 402 m unter dem Meeresspiegel ______________.

b) Der höchste Punkt der Erde auf dem Mount Everest liegt 8 850 m über dem Meeresspiegel ______________.

c) Der tiefste Punkt der Erde im Marianengraben liegt 11 034 m unter dem Meeresspiegel ______________.

d) Der höchste Punkt Europas auf dem Mont Blanc liegt 4 807 m über dem Meeresspiegel ______________.

6 ✱ Schreibe die Zahl mit dem passenden Vorzeichen an.

a) Schulden von 40 € ______
b) Guthaben von 100 € ______
c) 20 m unter dem Meeresspiegel ______
d) 40 m über dem Meeresspiegel ______
e) 5. Obergeschoß ______
f) 1. Untergeschoß ______
g) 10. Stock ______
h) 5°C unter 0°C ______

7 ✱ Gib an, ob das Plus (+) bzw. das Minus (–) als Vorzeichen oder als Rechenzeichen verwendet wird.

a) –10
b) 20 + 30
c) 100 – 52
d) –5 + 5
e) +20 – 10
f) –4 – 5

Vor- und Rechenzeichen

In den Rechnungen 4 + 11 und 8 – 2 sind „+" und „–" Rechenzeichen, bei +11 und –31 hingegen Vorzeichen. Ein „+" als Vorzeichen darf auch weggelassen werden.

8 ✱ Susanna befindet sich im Stockwerk –2. In welchem Stockwerk befindet sie sich, wenn sie sich mit dem Aufzug

a) zwei Stockwerke nach oben bewegt? Stockwerk ______
b) drei Stockwerke nach oben bewegt? Stockwerk ______
c) ein Stockwerk nach unten bewegt? Stockwerk ______
d) zwei Stockwerke nach unten bewegt? Stockwerk ______
e) vier Stockwerke nach oben bewegt? Stockwerk ______
f) ein Stockwerk nach oben bewegt? Stockwerk ______

9 ✱✱ Timo steigt im Stockwerk –1 in den Aufzug. Trage das Stockwerk ein, in dem er sich nach den einzelnen Fahrten befindet.

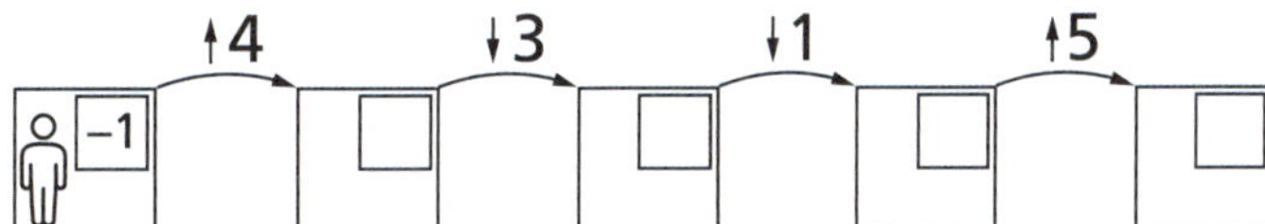

10 ✱✱ Bea fährt mit dem Aufzug. Trage in die Kästchen ein, wie viele Stockwerke sie nach oben (Vorzeichen „+") bzw. nach unten (Vorzeichen „–") fährt.

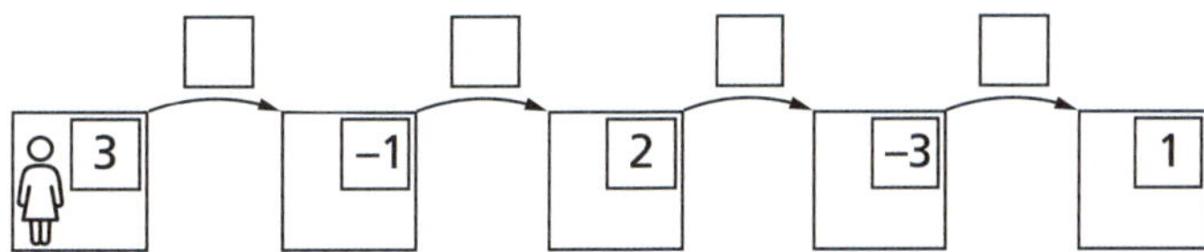

B Die ganzen Zahlen

Ganze Zahlen
Erweitert man die natürlichen Zahlen um die negativen ganzen Zahlen (–1, –2, –3 ...), entsteht die Menge der ganzen Zahlen.

1 ✱ Markiere die positiven ganzen Zahlen mit blau und die negativen ganzen Zahlen mit rot.

24 –34 –17 0 +100 +3

–42 +200 1 200 –18 –2 000

35 –53 +18 340 541

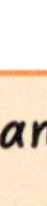

2 ✱ Gib die auf der Zahlengeraden dargestellten ganzen Zahlen an. (Schrittweite = 2)

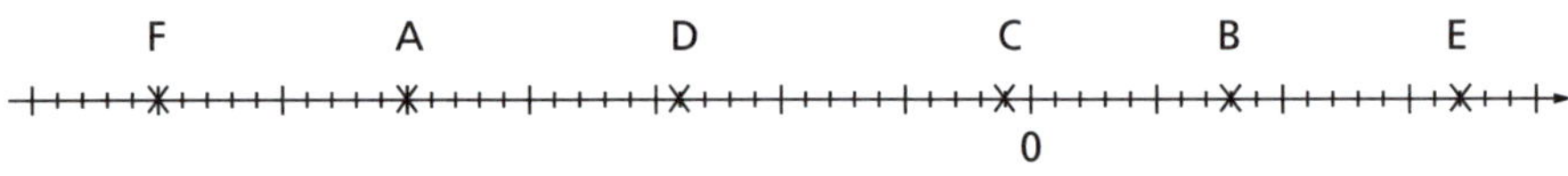

A = _____ B = _____ C = _____ D = _____ E = _____ F = _____

3 ✱ Markiere die ganzen Zahlen auf der Zahlengeraden (Schrittweite = 1) mit einem x.

–47 +8 –23 –15 +1 0 –26 –14

–50

4 ✱ Zeichne einen Zahlenstrahl mit dem Strichabstand 1 cm. Wähle eine passende Schrittweite und markiere die ganzen Zahlen durch ein x.

a) –8 +3 –4 –1 +6

b) +30 –40 –20 0 +50

c) –200 100 +200 –600 –900

5 ✱ Gib den Vorgänger und den Nachfolger der ganzen Zahl an.

a) –10 Vorgänger: _____ Nachfolger: _____

b) 0 Vorgänger: _____ Nachfolger: _____

c) –100 Vorgänger: _____ Nachfolger: _____

d) –1 000 Vorgänger: _____ Nachfolger: _____

6 ✱ Streiche die nicht passenden Wörter, sodass mathematisch richtige Sätze entstehen.

Die Zahl Null ist positiv/negativ/weder positiv noch negativ.

Ganze Zahlen, die auf der Zahlengeraden weiter links liegen, sind größer/kleiner als Zahlen, die weiter rechts liegen, *d.h.*, die Zahl –1 010 ist größer/kleiner als die Zahl –1 001.

Die ganze Zahl –120 ist größer/kleiner als die Zahl –130.

7 ✱

Kreuze die richtigen Aussagen an.

Aussage	
Auf einem senkrecht hängenden Thermometer ist –5°C weiter unten als –1°C.	☐
Wenn das Thermometer –4°C anzeigt und die Temperatur um 2°C sinkt, zeigt das Thermometer –2°C.	☐
Wenn das Thermometer –4°C anzeigt und die Temperatur um 5°C steigt, zeigt das Thermometer +1°C.	☐
Wenn die Temperatur am Morgen –6°C beträgt und das Thermometer mittags +1°C anzeigt, ist die Temperatur um 7°C gestiegen.	☐
Zeigt das Thermometer zu einem Zeitpunkt –9°C und zu einem späteren Zeitpunkt +2°C, ist die Temperatur um 7°C gestiegen.	☐

8 ✱✱

Gegeben ist die auf der Zahlengeraden dargestellte Zahl. Gib die gesuchte Zahl an und markiere sie durch ein x.

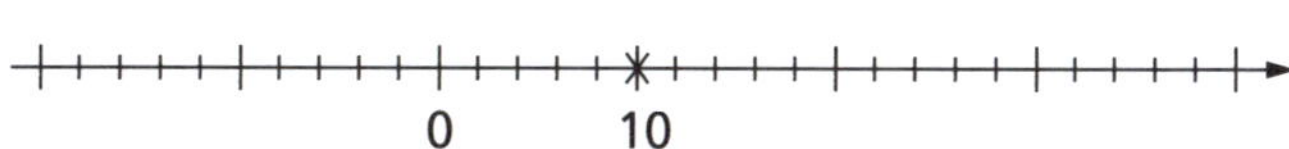

gesuchte Zahl:

a) Ich bin um acht größer als die markierte Zahl. ______

b) Ich bin um 20 größer als die markierte Zahl. ______

c) Ich bin um zehn kleiner als die markierte Zahl. ______

d) Ich bin um 20 kleiner als die markierte Zahl. ______

e) Ich bin um 12 größer als die markierte Zahl. ______

9 

Setze das richtige Zeichen (<, > oder =) ein.

a) –32 ______ –20 **e)** 32 ______ –32 **i)** 120 ______ –200

b) 0 ______ –10 **f)** –75 ______ –50 **j)** –75 ______ –80

c) +70 ______ 70 **g)** 81 ______ +81 **k)** +42 ______ 51

d) –56 ______ –66 **h)** –10 ______ +10 **l)** –100 ______ –500

Relationszeichen
< ... kleiner als
> ... größer als

10 

Ordne die Zahlen der Größe nach. Mache eine steigende Ungleichungskette.

–43 –65 +34 –32 +55 –66

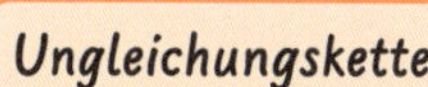

Ungleichungskette
z.B. –34 < –12 < 0 ...
steigende Ungleichungskette
z.B. 0 > –20 > –25 ...
fallende Ungleichungskette

11 ✱✱

Ordne die Zahlen der Größe nach. Mache eine fallende Ungleichungskette.

53 +22 –35 –21 +21 0 –89

1 Die ganzen Zahlen

C Addition ganzer Zahlen

1 Schreibe die graphisch dargestellte Addition mathematisch an.

✱

a) 

______

b) 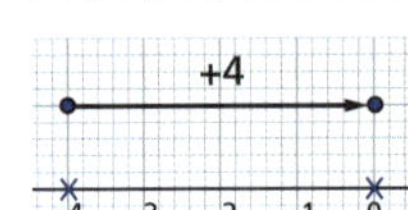

______

c) 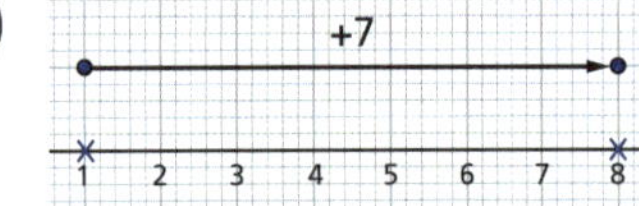

______

d) 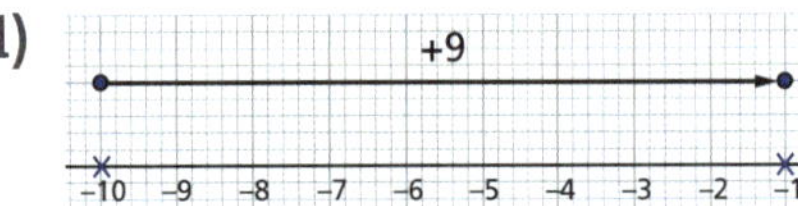

______

> **Addition ganzer Zahlen**
> *Die Addition ganzer Zahlen kann als Nach-**rechts**-gehen auf der Zahlengeraden angesehen werden.*

2 Ergänze den fehlenden Summanden und markiere das Ergebnis der graphisch dargestellten Addition.

✱✱

a) 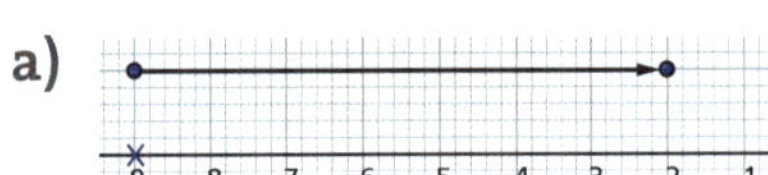

b) 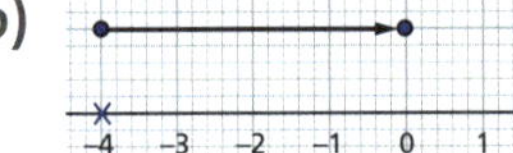

c) 

d) −20 0 20 40 60 80

e) 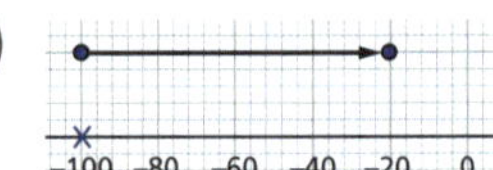

f) −60 −40 −20 0 20

3 Stelle die Addition auf der Zahlengeraden dar. Gib das Ergebnis an.

✱

a) −4 + 6 = ______ (−4 −3 −2 −1 0 1 2)

b) 0 + 7 = ______ (−1 0 1 2 3 4 5 6 7)

c) −6 + 4 = ______ (−7 −6 −5 −4 −3 −2 −1 0)

d) −5 + 9 = ______ (−6 −5 −4 −3 −2 −1 0 1 2 3 4 5)

e) −12 + 8 = ______ (−13 −12 −11 −10 −9 −8 −7 −6 −5 −4 −3)

f) +1 + 5 = ______ (−1 0 1 2 3 4 5 6 7)

g) −10 + 6 = ______ (−13 −12 −11 −10 −9 −8 −7 −6 −5 −4 −3)

h) −11 + 5 = ______ (−13 −12 −11 −10 −9 −8 −7 −6 −5 −4 −3)

4 Markiere das Vorzeichen blau und das Rechenzeichen rot und bestimme die Summe.

a) −10 + 5 = ________ **e)** −12 + 9 = ________

b) +18 + 10 = ________ **f)** −8 + 10 = ________

c) −17 + 7 = ________ **g)** +10 + 10 = ________

d) +12 + 8 = ________ **h)** −13 + 12 = ________

5 Ordne der Rechnung in der linken Spalte das passende Ergebnis in der rechten Spalte zu.

a)

Rechnung	
−8 + 6	
−1 + 9	
0 + 10	
−10 + 7	

	Ergebnis
A	+10
B	−8
C	−3
D	+2
E	−2
F	+8

b)

Rechnung	
−5 + 5	
+5 + 10	
−11 + 10	
−10 + 11	

	Ergebnis
A	+1
B	0
C	−15
D	−1
E	15
F	+2

6 In einem Raum herrscht eine Temperatur von −11°C. Schreibe als Rechnung an und bestimme die neue Temperatur.

a) Es wird um 10°C wärmer. Rechnung: ________ neue Temperatur: ________

b) Es wird um 12°C wärmer. Rechnung: ________ neue Temperatur: ________

c) Es wird um 8°C wärmer. Rechnung: ________ neue Temperatur: ________

7  Schreibe den Text als Rechnung an und bestimme den neuen Kontostand.

a) Tina hat 3 € Guthaben auf dem Konto und zahlt 20 € ein. ________

b) Thomas hat 5 € Schulden auf dem Konto und zahlt 10 € ein. ________

c) Tabea hat 10 € Schulden auf dem Konto und zahlt 8 € ein. ________

d) Dieter hat 10 € Guthaben auf dem Konto und zahlt 10 € ein. ________

8 Ergänze den Text so, dass eine mathematisch richtige Aussage entsteht.
Die Summe der Zahlen ________ und ________ (1) ist ________ (2).

(1)	
45 374 und 17 738	☐
9 475 und 14 263	☐
12 273 und 7 465	☐

(2)	
19 738	☐
62 112	☐
22 738	☐

D Subtraktion ganzer Zahlen

1 Schreibe die graphisch dargestellte Substraktion mathematisch an.

a)

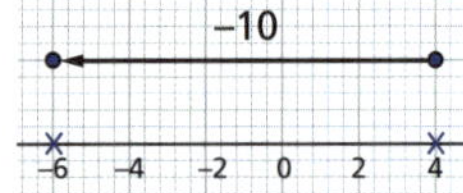

b)

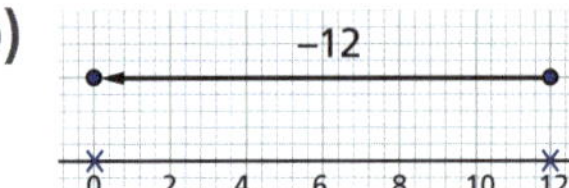

c)

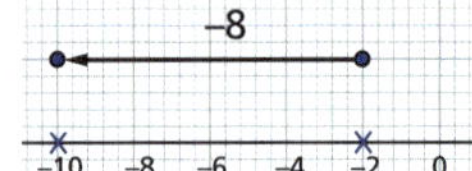

d)

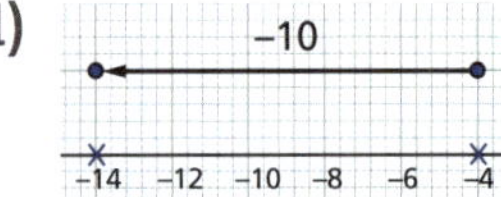

> ***Subtraktion ganzer Zahlen***
> *Die Subtraktion ganzer Zahlen kann als Nach-**links**-gehen auf der Zahlengeraden angesehen werden.*

2 Ergänze den fehlenden Subtrahenden und markiere das Ergebnis der graphisch dargestellten Subtraktion.

a)

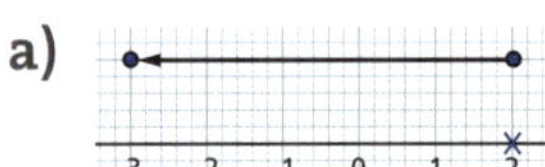

b)

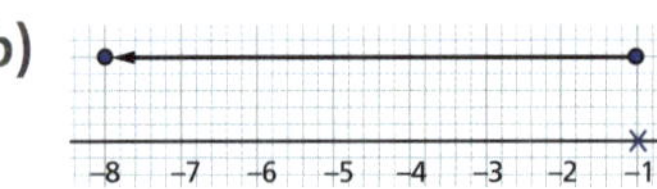

c)

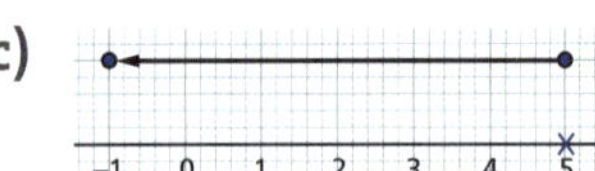

d)

e)

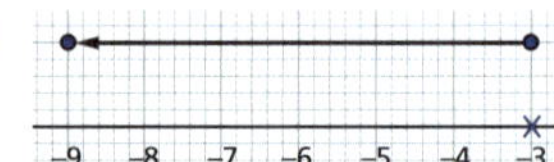

f)

3 Stelle die Subtraktion auf der Zahlengeraden dar. Gib das Ergebnis an.

a) –4 – 3 = ______

b) +5 – 8 = ______

c) –1 – 6 = ______

d) +7 – 8 = ______

e) –2 – 9 = ______

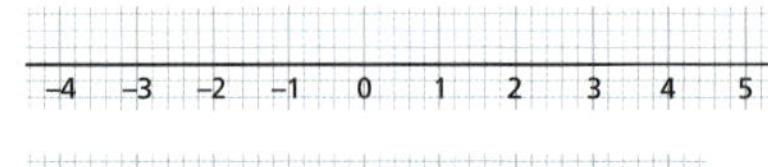

f) –1 – 5 = ______

g) +4 – 6 = ______

h) 0 – 7 = ______

4 ✱ Markiere das Vorzeichen blau und das Rechenzeichen rot und bestimme die Differenz.

a) −1 − 9 = ________ **e)** −10 − 6 = ________

b) +15 − 11 = ________ **f)** −20 − 20 = ________

c) −13 − 8 = ________ **g)** +11 − 13 = ________

d) +13 − 11 = ________ **h)** −14 − 7 = ________

5 ✱ Ordne der Rechnung in der linken Spalte das passende Ergebnis in der rechten Spalte zu.

a)

Rechnung	
+9 − 10	
−11 − 5	
8 − 12	
−12 − 1	

	Ergebnis
A	−4
B	+13
C	−1
D	+1
E	−13
F	−16

b)

Rechnung	
−4 + 7	
+8 − 10	
+13 − 11	
−10 − 20	

	Ergebnis
A	−30
B	−11
C	+2
D	+30
E	+3
F	−2

6 ✱ In einem Raum herrscht eine Temperatur von +3°C. Schreibe als Rechnung an und bestimme die neue Temperatur.

a) Es wird um 8°C kälter. Rechnung: ________ neue Temperatur: ________

b) Es wird um 3°C kälter. Rechnung: ________ neue Temperatur: ________

c) Es wird um 10°C kälter. Rechnung: ________ neue Temperatur: ________

d) Es wird um 13°C kälter. Rechnung: ________ neue Temperatur: ________

e) Es wird um 20°C kälter. Rechnung: ________ neue Temperatur: ________

7  Kreuze die richtigen Rechnungen an.

☐	☐	☐	☐	☐
−12 − 13 = 25	+11 − 15 = −4	−13 − 11 = −24	+20 − 24 = +4	−12 − 13 = −25

8  Schreibe den Text als Rechnung an und bestimme den neuen Kontostand.

a) Theo hat 10 € Schulden auf dem Konto und hebt 5 € ab. ________

b) Daja hat 20 € Guthaben auf dem Konto und hebt 30 € ab. ________

c) Clemens hat 15 € Guthaben auf dem Konto und hebt 20 € ab. 

d) Dieter hat 5 € Schulden auf dem Konto und hebt 5 € ab. 

e) Brigitte hat 20 € Guthaben auf dem Konto und hebt 40 € ab. 

f) Anne hat 8 € Schulden auf dem Konto und hebt 10 € ab. 

2 Arbeiten mit Variablen

A Variable, Terme und Formeln

Termarten

Monome: 4; $5a$; $-\frac{2}{5} \cdot x \cdot y$ ...
Binome: $x + 2y$; $a - 1$ ...
Polynome:
$1 + 2 \cdot x - y$;
$a + b + c$ ...

1 ✱ Ordne nach den Termarten.

$4 \cdot u \cdot v$	$\frac{2}{5}$	$x + y - z$	$\frac{a}{5}$
$16 \cdot x - 1$	$2x + y + 1$	$a \cdot b \cdot c \cdot d$	
$0{,}5$	$5a - 2b$	$2 - 6 \cdot u$	

Monome	Binome	Polynome

2  Gegeben ist der Term $3 \cdot a - b$. Berechne den Wert des Terms für die gegebene Belegung der Variablen.

a) $a = 3$, $b = 2$ ______________________

b) $a = 0$, $b = 7$ ______________________

c) $a = 10$, $b = 20$ ____________________

d) $a = 8$, $b = 24$ _____________________

Wert eines Terms

*Setzt man für die Variablen Zahlen ein, bezeichnet man das **Ergebnis** der Rechnung als **Wert** des Terms.*

3  Ergänze den Text so, dass eine mathematisch richtige Aussage entsteht.
Setzt man in den Term $x + 7 \cdot y$ für die Variablen ________ (1) ________ ein, erhält man ________ (2) als Wert des Terms.

(1)	
$x = +3$ und $y = 1$	☐
$x = -5$ und $y = 2$	☐
$x = -4$ und $y = 3$	☐

(2)	
12	☐
15	☐
9	☐

4 ✱ Ordne der Rechenanweisung in der linken Spalte die passende Termdarstellung in der rechten Spalte zu.

Die Zahl x wird verdoppelt	
Die Zahl 2 wird um die Zahl x vermehrt.	
Die Zahl x wird um zwei vermindert.	
Die Zahl x wird halbiert.	

A	$2 + x$
B	$2 - x$
C	$x : 2$
D	$2 \cdot x$
E	$2 : x$
F	$x - 2$

Rechenanweisung

Eine in Worten beschriebene Rechenanweisung kann in einer Termdarstellung kurz und übersichtlich dargestellt werden.

5 ✱✱ Ordne der Rechenanweisung in der linken Spalte die passende Termdarstellung in der rechten Spalte zu.

Die Hälfte einer Zahl wird um eine andere Zahl vergrößert.	
Eine Zahl wird um das Doppelte einer anderen Zahl verkleinert.	
Das Produkt von zwei unterschiedlichen Zahlen wird verdoppelt.	
Das Doppelte einer Zahl wird um das Doppelte einer anderen Zahl vergrößert.	

A	$2 \cdot x \cdot y$
B	$\frac{x}{2} + y$
C	$x + y \cdot 2$
D	$x \cdot y$
E	$x - 2 \cdot y$
F	$2 \cdot x + 2 \cdot y$

6  Ergänze den fehlenden Term.

a) In einer Schachtel liegen x rote und y blaue Bälle. In der Schachtel befinden sich insgesamt ________ Bälle.

b) Ein Kilogramm Weintrauben kosten x €. 5 kg Weintrauben kosten ______________ €.

c) Der Eintritt in ein Museum kostet für einen Erwachsenen 10 € und für ein Kind 5 €. Besuchen e Erwachsene und k Kinder das Museum, zahlen sie zusammen ________ €.

d) Der Eintritt in ein Museum kostet für einen Erwachsenen a € und für ein Kind b €. Besuchen e Erwachsene und k Kinder das Museum, zahlen sie zusammen ________ €.

e) Für einen Ausflug kostet der Bus a €. Jede am Ausflug teilnehmende Person zahlt b €. Wenn 50 Personen am Ausflug teilnehmen, betragen die Gesamtkosten ___________ €.

7  Ergänze die Formel für den Umfang der dargestellten Figur.

a) 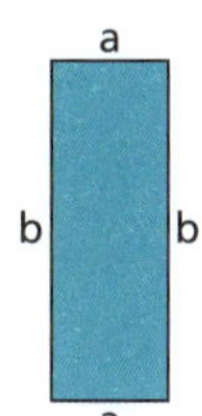

$u =$ ________________

d) 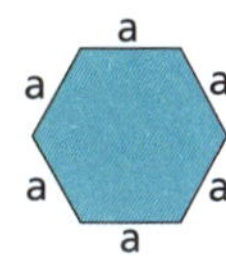

$u =$ ________________

b) 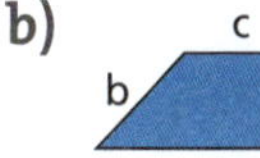
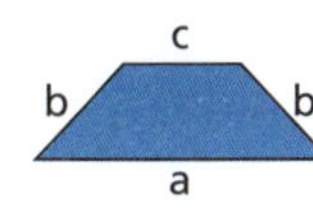

$u =$ ________________

e) 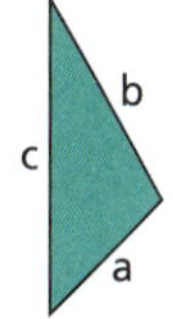

$u =$ ________________

c) 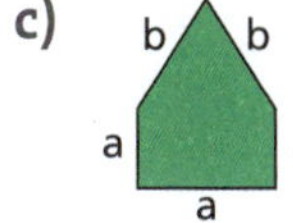

$u =$ ________________

f) 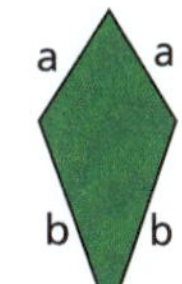

$u =$ ________________

2 Arbeiten mit Variablen

B Gleichungen

> **Gleichung**
> *Steht zwischen zwei Termen „=", spricht man von einer Gleichung.*

1 ✱ Kreuze alle Gleichungen an.

☐	☐	☐	☐	☐
$3 \cdot x = 9$	$4 + 5 \cdot x$	$10 - 12$	$x + 1 = 2 \cdot x + 1$	$4 = 2 + 2 \cdot x$

2 ✱ Begründe, ob es sich um eine Gleichung handelt oder nicht.

a) $4 \cdot x = 20$ ______________________

b) $15 + 20 = 35$ ______________________

c) $10 - 3 \cdot x$ ______________________

d) $7 \cdot x + 2$ ______________________

e) $7 = 3 \cdot x$ ______________________

3 ✱ Kreuze die Gleichungen an, die die Lösung $x = 3$ haben.

Gleichung	
$4 \cdot x + 5 = 16$	☐
$10 = 2 \cdot x + 4$	☐
$5 \cdot x - 6 = 14$	☐
$x - 2 = 5$	☐
$7 \cdot x - 5 = 16$	☐

> **Lösung einer Gleichung**
> *Die Zahl, die beim Einsetzen für die Variable das richtige Ergebnis liefert, heißt Lösung der Gleichung.*

4 ✱ Gegeben ist die Gleichung $6 \cdot x + 8 = 4 \cdot x + 32$. Kreuze die Lösung der Gleichung an.

☐	☐	☐	☐	☐
$x = 9$	$x = 5$	$x = 11$	$x = 12$	$x = 0$

5 ✱ Ordne den Gleichungen in der linken Spalte die jeweils passende Lösung in der rechten Spalte zu.

a)

Gleichung	
$2 \cdot x + 1 = x + 8$	
$5 \cdot x + 2 = 3 \cdot x + 10$	
$6 \cdot x = 36$	
$4 \cdot x + 3 = 23$	

	Lösung
A	$x = 5$
B	$x = 6$
C	$x = 1$
D	$x = 7$
E	$x = 2$
F	$x = 4$

b)

Gleichung	
$12 = 2 \cdot x - 6$	
$x + 5 = 2 \cdot x - 1$	
$49 = 7 \cdot x$	
$x : 7 = 4$	

	Lösung
A	$x = 6$
B	$x = 9$
C	$x = 25$
D	$x = 7$
E	$x = 5$
F	$x = 28$

6 ✱ Finde zur Rechenanweisung die passende Gleichung. Ordne zu.

Rechenanweisung	
a) Vier verkleinert um eine Zahl ist acht.	
b) Das Doppelte einer Zahl ist 20.	
c) Die Hälfte einer Zahl ist 13.	
d) Ein Viertel welcher Zahl ist sieben?	

	Gleichung
A	$\frac{x}{2} = 13$
B	$x : 4 = 7$
C	$20 = 2 \cdot x$
D	$4 - x = 8$

7 ✱ Schreibe den Text in Form einer Gleichung und bestimmt die Lösung.

Text	Gleichung	Lösung
Die Summe von x und fünf ist gleich zehn.		
Die Differenz von a und acht ist 13.		
Das Produkt von sechs und c ist 42.		
Das Doppelte von z plus sieben ist 15.		

8 ✱✱ Schreibe den Text als Gleichung an.

a) Die Hälfte von a ist gleich b minus drei. ____________

b) Die Differenz zwischen z und 10 ist gleich dem Doppelten von w. ____________

c) Multipliziert man c mit sich selbst, erhält man 25. ____________

d) Das Dreifache von p minus q ist 12. ____________

e) Die Summe von zwei und dem Produkt von fünf und d ist 17. ____________

f) Das Doppelte der Summe von x und y ist gleich 30. ____________

9 ✱✱✱ Finde zur Gleichung eine passende Rechenanweisung und gib die Lösung an.

a) $x \cdot 10 = 50$ ________________________

$x =$ ____________

b) $40 - x = 29$ ________________________

$x =$ ____________

c) $x : 5 = 6$ ________________________

$x =$ ____________

d) $x + 21 = 33$ ________________________

$x =$ ____________

C Gleichungen mit entgegengesetzten Rechenarten lösen

1 ✱ Ergänze die entgegengesetzte Rechenart und gib die Lösung der Gleichung an.

Entgegengesetzte Rechenarten	
Rechenart	entgegengesetzte Rechenart
Addition	Subtraktion
Subtraktion	Addition
Multiplikation	Division
Division	Multiplikation

a)
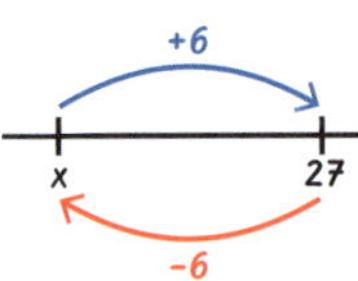

$x + 6 = 27$ | − 6

$x =$ ______

b)
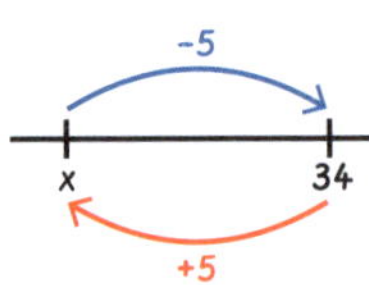

$x - 5 = 34$ | ______

$x =$ ______

c)

$x \cdot 3 = 39$ | ______

$x =$ ______

d)
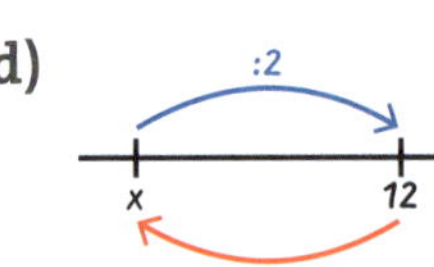

$x : 2 = 12$ | ______

$x =$ ______

2 ✱ Ergänze in der Zeichnung die entgegengesetzte Rechenart, schreibe die Gleichung an und löse sie.

a)
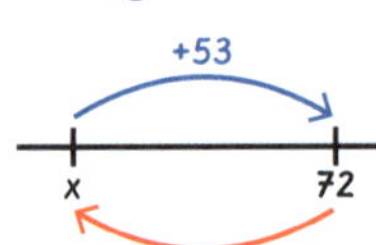

______

b)
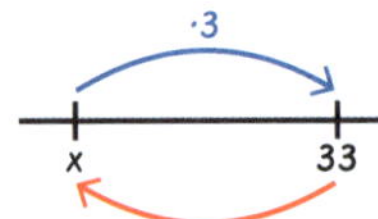

______

c)
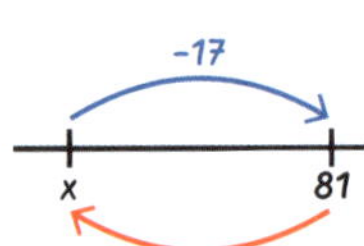

______

d)
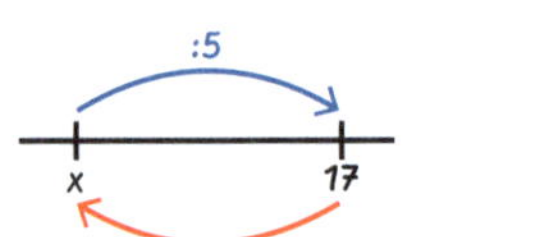

______

e)
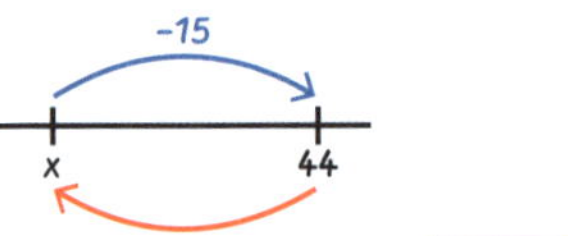

______

f)
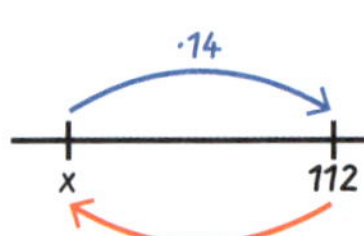

______

3 ✱ Ergänze die fehlenden Rechenarten und Zahlen. Löse die Gleichung.

a) $17 \cdot x = 102$ | ______

$x =$ ______

b) $x + 15 = 98$ | ______

$x =$ ______

c) $x - 104 = 60$ | ______

$x =$ ______

d) $x : 11 = 33$ | ______

$x =$ ______

4 Löse die Gleichung durch schrittweises Anwenden der entgegengesetzten Rechenarten.

a)

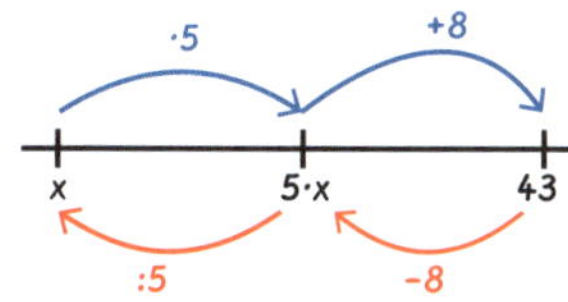

$5 \cdot x + 8 = 43 \quad | -8$

$5 \cdot x =$ ______ $| :$ ______

$x =$ ______

Reihenfolge der entgegengesetzten Rechenarten

Die Addition bzw. die Subtraktion zuerst umkehren. Danach die Multiplikation und die Division.

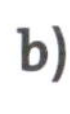

b)

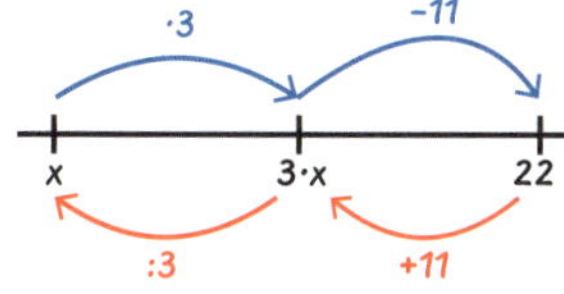

$3 \cdot x - 11 = 22 \quad |$ ______

$3 \cdot x =$ ______ $|$ ______

$x =$ ______

c)

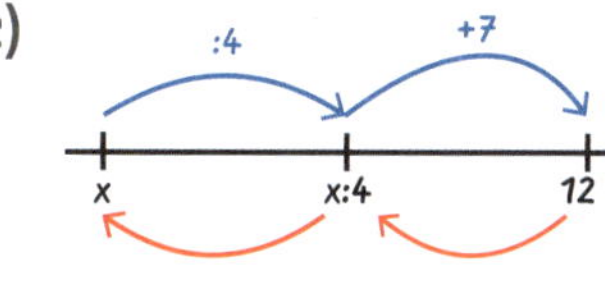

$x : 4 + 7 = 12 \quad |$ ______

$x : 4 =$ ______ $|$ ______

$x =$ ______

5 Löse die Gleichung durch Anwenden der entgegengesetzten Rechenarten und mache die Probe.

a) $7 \cdot x + 21 = 91$

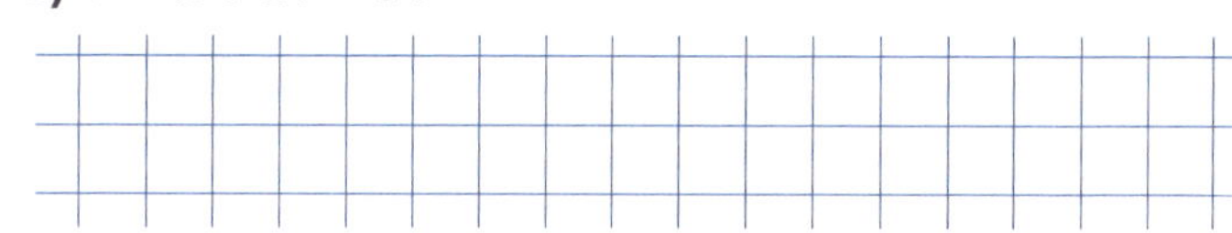

Probe

Setze die Lösung in der Gleichung für die Variable ein. Die Rechnung muss richtig sein.

b) $9 \cdot x - 18 = 45$

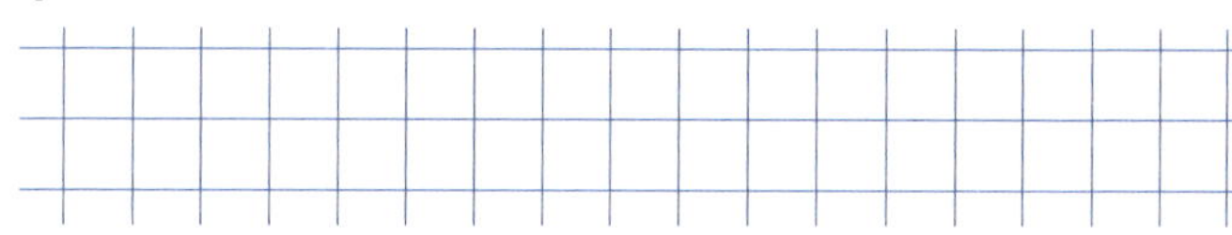

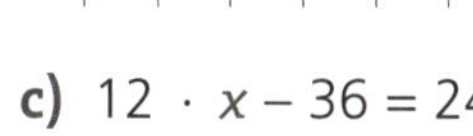

c) $12 \cdot x - 36 = 24$

e) $51 + x : 2 = 52$

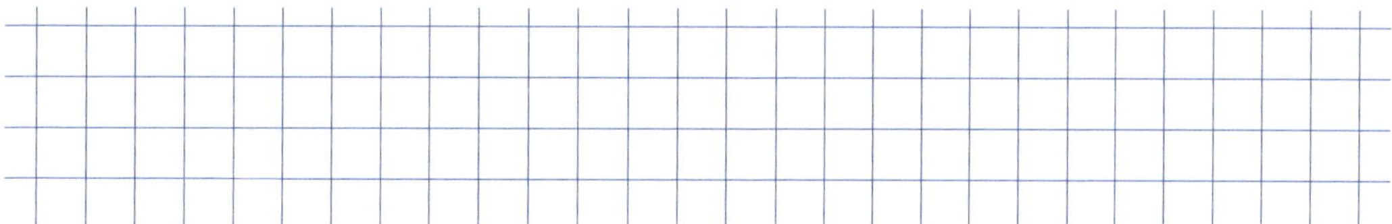

d) $x : 7 - 31 = 41$

f) $x : 5 + 43 = 101$

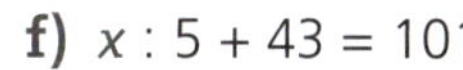

D Aufstellen und umformen von Formeln

Formel
Eine Formel ist eine besondere Gleichung. Sie beschreibt den Zusammenhang zwischen Variablen, die für verschiedene Größen stehen.

1 Verbinde die Aufgabe und die dazu passende Formel.

✱

- Der Flächeninhalt eines Rechtecks mit den Seitenlängen x und y ist 24 cm²
- $2 \cdot x = y$
- $24 = 2 \cdot (x + y)$
- Der Umfang eines Rechtecks mit den Seitenlängen x und y ist 24 cm.
- Eine Kinokarte für ein Kind kostet x €, die für einen Erwachsenen y €. Ein Erwachsener zahlt doppelt so viel wie ein Kind.
- $24 = x \cdot y$
- $24 = x - y$
- Eine Hose kostet x €, ein Pullover y €. Der Pullover ist um 24 € billiger als die Hose.

2 Ordne der Formel die passende Aussage zu.

✱✱

a) $x - y = 10$ |

A	Es gibt x rote und y blaue Bälle, zusammen insgesamt 10 Bälle.
B	Es gibt x rote und y blaue Bälle. Es gibt um 10 rote Bälle mehr als es blaue gibt.
C	Es gibt y rote und x blaue Bälle. Es gibt um 10 rote Bälle mehr als es blaue gibt.

b) $x : 2 = y$ |

A	Es gibt x kg Äpfel und y kg Birnen. Die Masse der Äpfel ist größer als die der Birnen.
B	Es gibt x kg Äpfel und y kg Birnen. Die Masse der Birnen ist größer als die der Äpfel.
C	Es gibt x kg Äpfel und y kg Birnen. Die Masse der Äpfel ist halb so groß wie der Birnen.

c) $2 \cdot x = y$ |

A	Es gibt x Mädchen und y Burschen. Es sind gleich viele Mädchen und Buben.
B	Es gibt x Mädchen und y Burschen. Es gibt doppelt so viele Mädchen wie Burschen.
C	Es gibt x Mädchen und y Burschen. Es gibt doppelt so viele Burschen wie Mädchen.

3 Stelle zur Aussage eine passende Formel auf.

a) Es gibt k Katzen und h Hunde. Zusammen sind es 12 Tiere.

b) Es gibt r Rosen und t Tulpen. Es sind um 8 Rosen weniger als Tulpen.

4 ✱

Für den Umfang u eines Quadrats mit der Seitenlänge a gilt: $u = 4 \cdot a$
Drücke durch Anwenden der entgegengesetzten Rechenart aus der Formel die Seitenlänge a aus.

> **Umformen von Formeln**
> Formeln können durch Anwenden entgegengesetzter Rechenarten so umgeformt werden, dass eine Größe alleine auf einer Seite steht.

5 ✱

Für die Summe S zweier ganzer Zahlen a und b gilt: $S = a + b$

a) Drücke durch Anwenden der entgegengesetzten Rechenart aus der Formel die Zahl a aus.

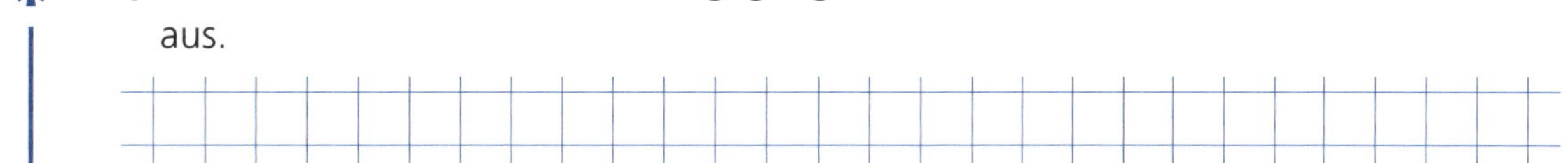

b) Drücke durch Anwenden der entgegengesetzten Rechenart aus der Formel die Zahl b aus.

6 

Drücke jeweils die gesuchten Variablen aus.

a) $x - y = z$ $x =$ __________ $y =$ __________

b) $2 \cdot x + y = 10$ $x =$ __________ $y =$ __________

c) $x + 5 \cdot y = z$ $x =$ __________ $y =$ __________

d) $A = x \cdot y$ $x =$ __________ $y =$ __________

e) $10 = (x + y) : 2$ $x =$ __________ $y =$ __________

f) $x : 2 = 3 + y$ $x =$ __________ $y =$ __________

g) $y : 4 = x : 5$ $x =$ __________ $y =$ __________

7  

Forme so um, dass die gesuchte Größe alleine auf einer Seite steht.

a) $v_0 + t \cdot g = v$ $v_0 =$ __________ $t =$ __________ $g =$ __________

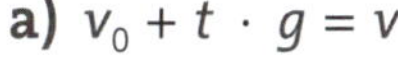

b) $Q + t \cdot l = k$ $Q =$ __________ $t =$ __________ $l =$ __________

3 Teiler und Vielfache

A Teilermenge und Vielfachenmenge

1 ✱ Kreuze an, ob die Aussage richtig oder falsch ist.

	richtig	falsch
Die Zahl 54 ist ohne Rest durch die Zahl 3 teilbar.	☐	☐
16 ist ein Teiler von 34.	☐	☐
17 ist kein Teiler von 51.	☐	☐
Die Zahl 91 ist ohne Rest durch die Zahl 7 teilbar.	☐	☐
32 ist ein Teiler von 16.	☐	☐
16 ist ein Teiler von 32.	☐	☐

2 ✱ Setze das Zeichen | oder ∤ („ist kein Teiler von“) ein.

a) 4 _____ 44
b) 15 _____ 60
c) 11 _____ 78
d) 10 _____ 210
e) 8 _____ 64
f) 12 _____ 144

Teiler
Die Zahl a ist ein Teiler der Zahl b, wenn die Division b : a ohne Rest möglich ist.
Man schreibt: a|b
(„a ist ein Teiler von b“)

3 ✱ Kreuze die richtigen Aussagen an.

☐	☐	☐	☐	☐
4 | 56	18 ∤ 54	20 | 400	13 | 99	14 ∤ 70

4 ✱ Teilen die Zahlen in der linken Spalte die Zahl in der obersten Zeile? Setze das Zeichen | oder ∤.

	a) 52	**b)** 147	**c)** 273	**d)** 56	**e)** 156	**f)** 546
4						
5						
13						
21						

5 ✱✱ Kreuze die richtigen Aussagen an.

Jede Zahl ist durch sich selbst teilbar.	☐
Null ist ein Teiler jeder Zahl.	☐
Die Zahl 1 ist ein Teiler jeder Zahl.	☐
Jede Zahl ist ein Teiler von eins.	☐
Es gibt keine Zahl, die durch null geteilt werden kann.	☐

6 ✱

Setze die Zeichen | oder ∤ ein.

a) 8 _____ 16 und 8 _____ 96, daher gilt 8 _____ (16 + 96)

b) 4 _____ 28 und 4 _____ 16, daher gilt 4 _____ (28 – 16)

7 ✱✱

Kreuze an, ob die Aussage richtig oder falsch ist.

	richtig	falsch
Die Zahl 13 teilt die Summe von 26 und 39.	☐	☐
9 ist kein Teiler der Differenz von 27 und 18.	☐	☐
a teilt b und a teilt c, daher teilt a auch $b - c$.	☐	☐
Die Zahl 20 teilt die Differenz von 40 und 22.	☐	☐

Summen-/ Differenzregel
Teilt die Zahl t die Zahlen a und b, dann teilt t auch die Summe a + b und die Differenz a – b.

8 ✱✱

Gib die Teilermenge an.

a) T_9 = {_______________}

b) T_{11} = {_______________}

c) T_{14} = {_______________}

d) T_{21} = {_______________}

Teilermenge
*Alle Teiler einer Zahl a werden in der Teilermenge T_a zusammengefasst. 1 und die Zahl selbst heißen **unechte** Teiler, alle anderen Elemente der Teilermenge **echte** Teiler.*

9 ✱✱

Bestimme die Teilermengen der Zahlen und gib die gemeinsamen Teiler (gT) und den größten gemeinsamen Teiler (ggT) an.

a) 12; 16 gT: _______________ ggT: _______

b) 30; 40 gT: _______________ ggT: _______

c) 9; 18; 21 gT: _______________ ggT: _______

10 ✱

Gib die ersten fünf Elemente der Vielfachenmenge an.

a) V_5 = {_______________}

b) V_{12} = {_______________}

c) V_{19} = {_______________}

d) V_{35} = {_______________}

Vielfachenmenge
*Alle Vielfachen einer Zahl a (1 · a, 2 · a, 3 · a, 4 · a usw.) werden in der Vielfachenmenge V_a zusammengefasst. Die Vielfachenmenge ist nach oben **nicht beschränkt**.*

11 ✱✱

Bestimme die Vielfachen der Zahlen und gib das kleinste gemeinsame Vielfache (kgV) an.

a) 12; 18 kgV: _______________

b) 18; 30 kgV: _______________

c) 5; 15; 20 kgV: _______________

d) 24; 36; 72 kgV: _______________

B Teilbarkeitsregeln

1 ✱ Gib alle Zahlen von 30 bis 50 an, die durch die gegebenen Zahlen teilbar sind.

a) Teilbar durch 2: ______________________

b) Teilbar durch 5: ______________________

c) Teilbar durch 10: ______________________

d) Teilbar durch 5 und 10: ______________________

e) Teilbar durch 2, 5 und 10: ______________________

> ***Teilbarkeit durch 2, 5 bzw. 10***
> - *Jede gerade Zahl ist durch 2 teilbar.*
> - *Steht an der Einerstelle 0 oder 5, ist die Zahl durch 5 teilbar.*
> - *Steht an der Einerstelle 0, ist die Zahl durch 10 teilbar.*

2 ✱ Setze das Zeichen | oder ∤ ein und begründe deine Entscheidung.

a) 2 _____ 718, weil ____

b) 2 _____ 241, weil ____

c) 5 _____ 5 054, weil ____

d) 10 _____ 7 350, weil ____

3 ✱ Gib alle möglichen Ziffern für x an, sodass eine richtige Aussage entsteht.

a) 2 | 3 28 x x = ______________ **d)** 5 | 23 x 35 x = ______________

b) 2 | 3 x 462 x = ______________ **e)** 10 | 23 x x = ______________

c) 5 | 34 x x = ______________ **f)** 10 | 12 x 5 x = ______________

4 ✱ Bestimme die Ziffernsumme der Zahl.

a) 84 Ziffernsumme: ________

b) 514 Ziffernsumme: ________

c) 2 364 Ziffernsumme: ________

d) 10 260 Ziffernsumme: ________

> ***Ziffernsumme***
> *Bildet man die Summe der Ziffern einer Zahl, erhält man die Ziffernsumme.*
> *z.B. 20 571 →*
> *2 + 0 + 5 + 7 + 1 = 15*

5 ✱ Kreuze alle Zahlen an, die durch 3 teilbar sind.

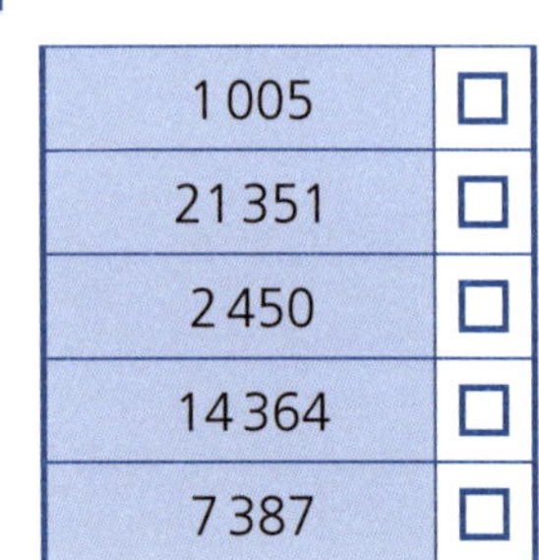

Zahl	
1 005	☐
21 351	☐
2 450	☐
14 364	☐
7 387	☐

> ***Teilbarkeit durch 3***
> *Eine Zahl ist durch 3 teilbar, wenn ihre Ziffernsumme durch 3 teilbar ist.*

6 ✱

Gib alle Zahlen von 50 bis 70 an, die durch 9 teilbar sind.

____

> ***Teilbarkeit durch 9***
> *Eine Zahl ist durch 9 teilbar, wenn ihre Ziffernsumme durch 9 teilbar ist.*

7 ✱

Setze das Zeichen | oder ∤ ein und begründe deine Entscheidung.

a) 3 ______ 687, weil ______________________________

b) 3 ______ 541, weil ______________________________

c) 9 ______ 5004, weil ______________________________

d) 9 ______ 18531, weil ______________________________

8 ✱✱

Ergänze die fehlende Ziffer x so, dass die Zahl durch 9 teilbar ist. Gib alle Möglichkeiten an.

a) 263 x 736 x = ____________

b) 3 x 367 x = ____________

c) 37431 x x = ____________

d) 3 x 78364 x = ____________

e) 402 x 003 x = ____________

f) 34 x 326 x = ____________

9 ✱

Kreuze alle Zahlen an, die durch 6 teilbar sind.

792	☐
2705	☐
3888	☐
4584	☐
39494	☐

> ***Teilbarkeit durch 6***
> *Ist eine Zahl durch 2 und durch 3 teilbar, ist sie auch durch 6 teilbar.*

10 ✱

Markiere alle Zahlen, die durch 2, 3 und 9 teilbar sind.

30474 2352 972 2988 9738 756

2016 3588 10764 13986 2711

11 ✱

Gib alle Zahlen von 110 bis 130 an, die durch 4 teilbar sind.

____

> ***Teilbarkeit durch 4***
> *Eine Zahl ist durch 4 teilbar, wenn die letzten beiden Ziffern eine Zahl bilden, die durch 4 teilbar ist.*

12 ✱✱✱

Gib alle Zahlen von 200 bis 240 an, die durch 3 und durch 4 teilbar sind.

____

C Primzahlen / Primfaktorenzerlegung

Primzahlen
Jede natürliche Zahl größer als 1, die nur durch 1 und sich selbst teilbar ist, heißt Primzahl.

1 * Gib alle Primzahlen an, die kleiner als 20 sind.

2 * Gib alle Primzahlen zwischen 20 und 30 an.

3 ** Gegeben ist eine Liste von Zahlen. Streiche alle Zahlen durch, die keine Primzahlen sind.

a) 17	22	23	34	46	53	58	61	83
b) 38	98	67	71	97	89	88	59	1

4 ** Kreuze die richtigen Aussagen an.

Es gibt keine geraden Primzahlen.	☐
Die kleinste Primzahl ist 2.	☐
Es gibt unendlich viele Primzahlen.	☐
Alle Primzahlen sind ungerade.	☐
Alle Zahlen, die nur die beiden unechten Teiler besitzen, sind Primzahlen.	☐

5 * Stelle die Zahl als Summe von zwei verschiedenen Primzahlen dar.

a) 7 = ______ + ______
b) 9 = ______ + ______
c) 14 = ______ + ______
d) 20 = ______ + ______
e) 26 = ______ + ______
f) 29 = ______ + ______

6 * Stelle die Zahl als Summe von drei aufeinanderfolgenden Primzahlen dar.

a) 10 → ____________________
b) 23 → ____________________
c) 41 → ____________________
d) 59 → ____________________
e) 71 → ____________________
f) 83 → ____________________

7 * Stelle die Zahl als Produkt von Primzahlen dar.

a) 9 = ____________
b) 14 = ____________
c) 18 = ____________
d) 20 = ____________
e) 21 = ____________
f) 30 = ____________
g) 38 = ____________
h) 40 = ____________
i) 150 = ____________
j) 105 = ____________
k) 175 = ____________
l) 98 = ____________

Primfaktorenzerlegung
Jede Zahl, die keine Primzahl ist, lässt sich als Produkt von Primzahlen schreiben. Man spricht von der Primfaktorenzerlegung der Zahl.

8 Kreuze die richtigen Primfaktorenzerlegungen an.

*

240 = 2 · 2 · 2 · 2 · 3 · 5	☐
150 = 2 · 3 · 25	☐
312 = 2 · 2 · 2 · 3 · 13	☐
396 = 2 · 2 · 9 · 11	☐
500 = 2 · 2 · 5 · 5 · 5	☐

9 Ergänze die fehlenden Zahlen in der Primfaktorenzerlegung.

**

a)

630	2
315	3
	3
	5
7	7
1	

b)

836	2
	2
209	11
	19
1	

c)

840	2
	2
	2
105	3
	5
7	7
1	

d)

2700	2
	2
675	3
	3
	3
25	5
	5
1	

10 Mache die Primfaktorenzerlegung.

**

a) 5250 |

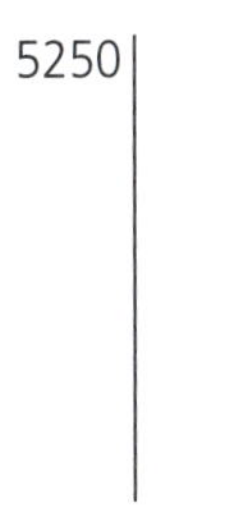

b) 3375 |

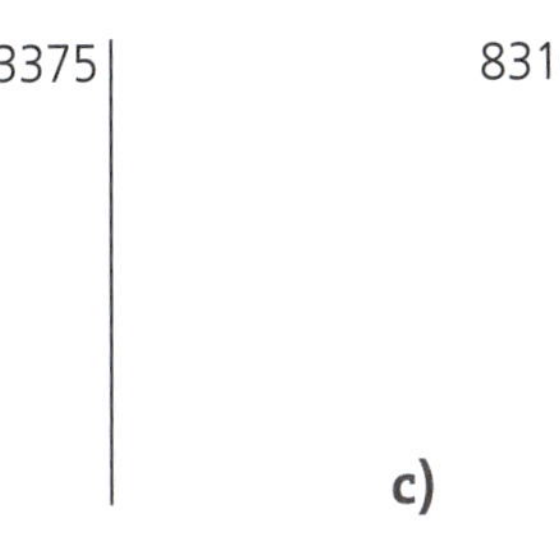

c) 8316 |

d) 7350 |

11 Ordne den Zahlen die entsprechende Primfaktorenzerlegung zu.

***

18 375	
16 500	
22 176	
10 692	

A	2 · 2 · 3 · 5 · 5 · 5 · 11
B	2 · 2 · 3 · 3 · 3 · 3 · 3 · 11
C	2 · 3 · 5 · 5 · 5 · 11
D	3 · 5 · 5 · 5 · 7 · 7
E	2 · 2 · 2 · 2 · 2 · 3 · 3 · 7 · 11
F	2 · 2 · 3 · 5 · 5 · 5 · 7 · 7

12 Kreuze die richtigen Aussagen an.

***

Die kleinste dreistellige Primzahl ist 101.	☐
Die Zahl 91 lässt sich nicht als Produkt von Primzahlen schreiben.	☐
Es gibt eine größte Primzahl.	☐
Die Primfaktorenzerlegung von 345 lautet 3 · 5 · 23	☐
2 ist die einzige gerade Primzahl.	☐

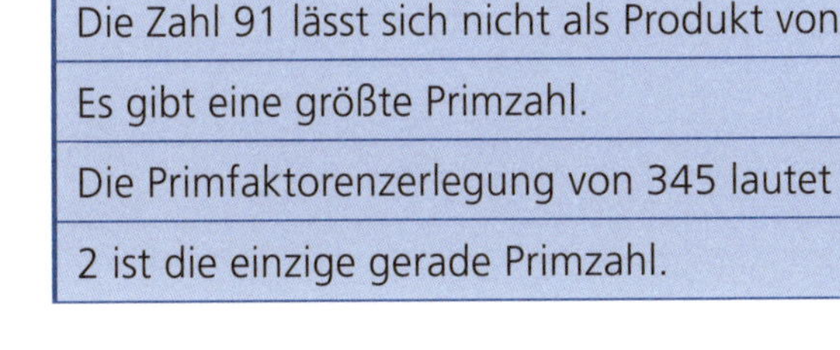

D Größter gemeinsamer Teiler

1 ✱ Gib die Teilermengen der Zahlen an und lies den größten gemeinsamen Teiler (ggT) daraus ab.

a) 18 und 24

T_{18} = { _______________ } T_{24} = { _______________ }

ggT(18, 24) = ________

b) 15 und 25

T_{15} = { _______________ } T_{25} = { _______________ }

ggT(15, 25) = ________

c) 26 und 39

T_{26} = { _______________ } T_{39} = { _______________ }

ggT(26, 39) = ________

2 ✱ Bestimme mittels Primfaktorenzerlegung den größten gemeinsamen Teiler.

Den ggT mittels Primfaktorenzerlegung bestimmen

- Unterstreiche alle Primzahlen, die in beiden Zerlegungen auftreten.
- Multipliziere die unterstrichenen Primzahlen einer Zahl.

a) 420 = $\underline{2} \cdot \underline{2} \cdot 3 \cdot \underline{5} \cdot \underline{7}$

980 = $\underline{2} \cdot \underline{2} \cdot \underline{5} \cdot \underline{7} \cdot 7$

ggT(420, 980) = ____________

b) 378 = 2 · 3 · 3 · 3 · 7

693 = 3 · 3 · 7 · 11

ggT(378, 693) = ____________

c) 2 100 = 2 · 2 · 3 · 5 · 5 · 7

4 620 = 2 · 2 · 3 · 5 · 7 · 11

ggT(2 100, 4 620) = ____________

d) 3 087 = 3 · 3 · 7 · 7 · 7

7 350 = 2 · 3 · 5 · 5 · 7 · 7

ggT(3 087, 7 350) = ____________

1 350 = 2 · 3 · 3 · 3 · 5 · 5

4 410 = 2 · 3 · 3 · 5 · 7 · 7

ggT(1 350, 4 410) = ____________

f) 7 875 = 3 · 3 · 5 · 5 · 5 · 7

13 475 = 5 · 5 · 7 · 7 · 11

ggT(7 875, 13 475) = ____________

3 Bestimme den größten gemeinsamen Teiler mittels Primfaktorenzerlegung.

a) 105 | 140 |

b) 252 | 315 |

c) 648 | 891 |

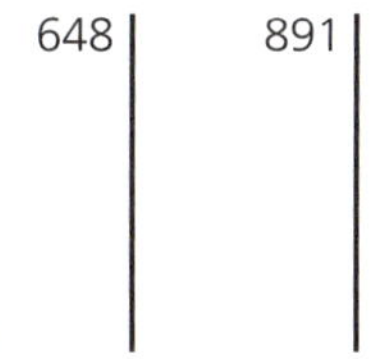

ggT(105, 140) = ______ ggT(252, 315) = ______ ggT(648, 891) = ______

4 Bestimme den größten gemeinsamen Teiler mittels Primfaktorenzerlegung.

a) 324 | 468 | 540 |

b) 777 | 924 | 105 |

ggT(324, 468, 540) = ____________ ggT(777, 924, 105) = ____________

5 Lisa hat 144 Äpfel, 216 Birnen und 288 Orangen. Wie viele gleiche Früchte kann sie maximal in gleich große Körbe aufteilen, ohne dass ihr Früchte übrig bleiben?

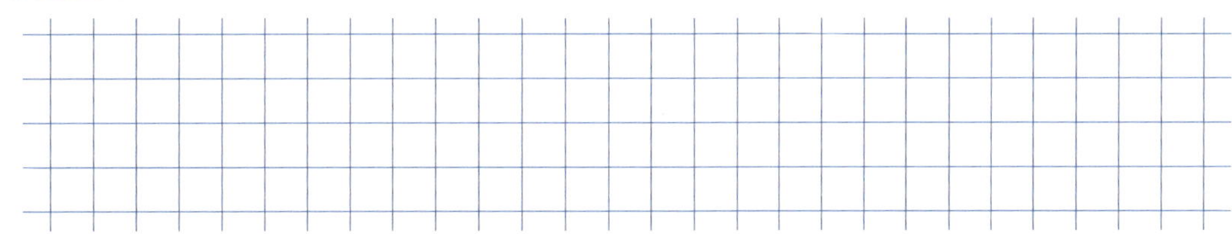

6 Eine 4,40 m lange und 2,64 m breite Terrasse soll mit möglichst großen quadratischen Platten verfliest werden. Dabei soll keine Platte zerschnitten werden. Berechne die Kantenlänge einer solchen Platte und die Anzahl der benötigten Platten.

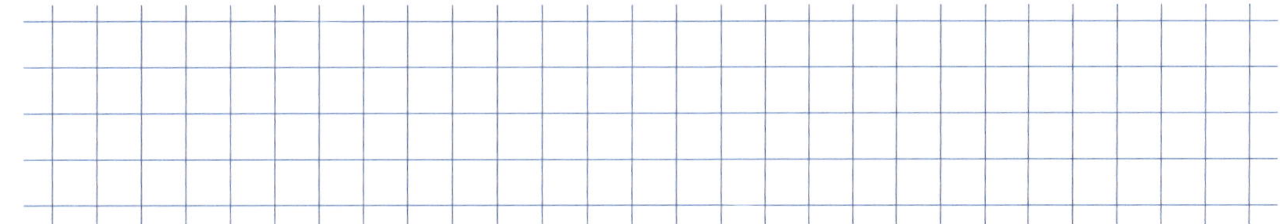

7 Tim hat 150 Blumen, 225 Sträucher und 300 Bäume in seinem Garten. Er möchte sie so pflanzen, dass die verschiedenen Pflanzenarten jeweils in gleich langen Reihen stehen. Wie viele Pflanzen stehen maximal in einer Reihe?

E Kleinstes gemeinsames Vielfaches

1 ✱ Gib die Elemente der Vielfachenmengen der Zahlen an, bis das kleinste gemeinsame Vielfache (kgV) auftritt.

a) 8 und 12

$V_8 = \{$ ________________ $\}$ $V_{12} = \{$ ________________ $\}$

kgV(8, 12) = ________

b) 6 und 9

$V_6 = \{$ ________________ $\}$ $V_9 = \{$ ________________ $\}$

kgV(6, 9) = ________

c) 15 und 18

$V_{15} = \{$ ________________ $\}$ $V_{18} = \{$ ________________ $\}$

kgV(15, 18) = ________

2 ✱ Bestimme mittels Primfaktorenzerlegung das kleinste gemeinsame Vielfache.

a) 42 = $\underline{2}$ · 3 · 7

63 = $\underline{3}$ · $\underline{3}$ · $\underline{7}$

kgV(42, 63) = ____________

b) 84 = 2 · 2 · 3 · 7

56 = 2 · 2 · 2 · 7

kgV(84, 56) = ____________

c) 99 = 3 · 3 · 11

72 = 2 · 2 · 2 · 3 · 3

kgV(99, 72) = ____________

d) 68 = 2 · 2 · 17

91 = 7 · 13

kgV(68, 91) = ____________

e) 140 = 2 · 2 · 5 · 7

2 450 = 2 · 5 · 5 · 7 · 7

kgV(140, 2 450) = ____________

f) 392 = 2 · 2 · 2 · 7 · 7

126 = 2 · 3 · 3 · 7

kgV(392, 126) = ____________

Das kgV mittels Primfaktorenzerlegung bestimmen

- Unterstreiche die größte Anzahl von 2, 3, 5 usw., die du pro Zerlegung finden kannst. Bei gleicher Anzahl unterstreiche nur in einer Zerlegung.
- Multipliziere die unterstrichenen Primzahlen.

3 ✱✱ Bestimme das kleinste gemeinsame Vielfache mittels Primfaktorenzerlegung.

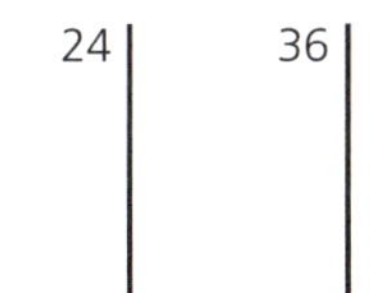

a)

kgV(24, 36) = ________

b) 45 | 60 |

kgV(45, 60) = ________

c) 18 | 25 |

kgV(18, 25) = ________

4 ✱✱ Bestimme das kleinste gemeinsame Vielfache mittels Primfaktorenzerlegung.

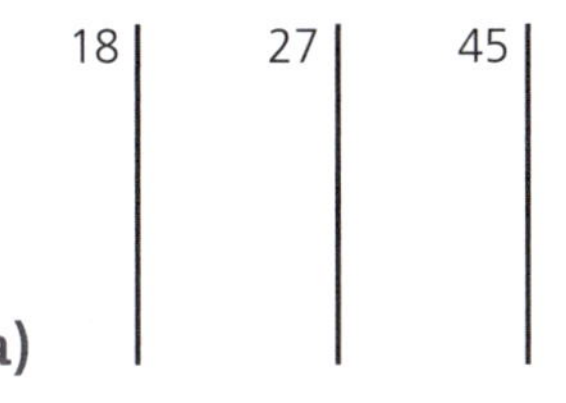

a)

kgV(18, 27, 45) = ____________

b) 55 | 77 | 88 |

kgV(55, 77, 88) = ____________

5 ✱✱✱ Zwei Züge fahren auf zwei verschiedenen Gleisen ab. Auf dem ersten Gleis fährt ein Zug alle 30 Minuten, auf dem zweiten Gleis alle 45 Minuten ab. Wie viel Zeit muss vergehen, bevor die Züge wieder gleichzeitig auf beiden Gleisen abfahren?

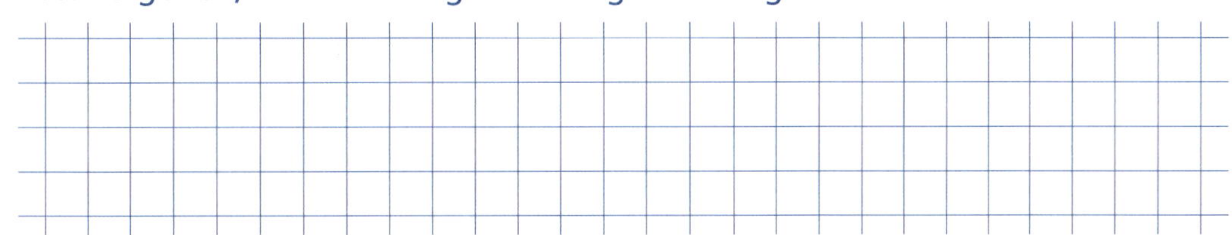

6 ✱✱✱ In einer Fabrik werden Produkte in regelmäßigen Intervallen hergestellt. Produkt A wird alle 8 Stunden hergestellt, Produkt B alle 12 Stunden und Produkt C alle 15 Stunden. Wenn alle drei Produkte gleichzeitig gestartet werden, nach wie vielen Stunden werden sie wieder gleichzeitig hergestellt?

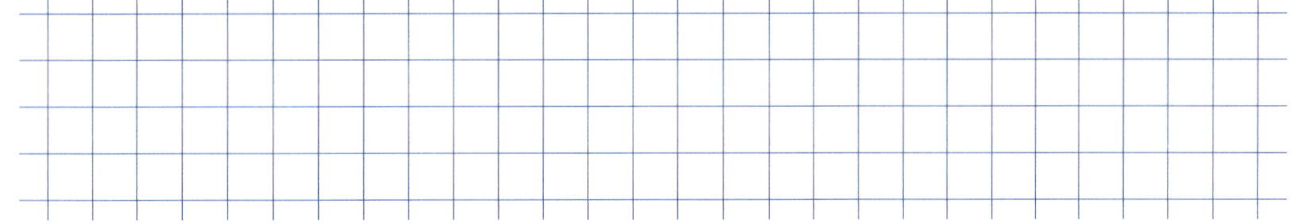

7 ✱✱✱ Ein Busunternehmen hat Busse, die alle 45 Minuten, 60 Minuten und 75 Minuten fahren. Nach wie vielen Minuten werden alle Busse wieder gleichzeitig vom Startpunkt losfahren?

4 Brüche

A Darstellen von Brüchen/Brucharten

1 Welcher Bruchteil ist gefärbt und welcher nicht?

*

a) 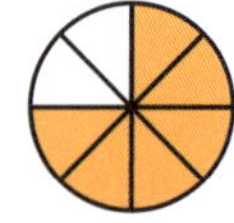

gefärbt sind ____________ nicht gefärbt sind ____________

b) 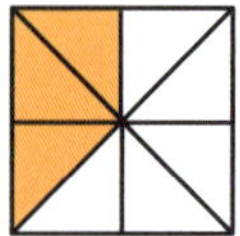

gefärbt sind ____________ nicht gefärbt sind ____________

c) 

gefärbt sind ____________ nicht gefärbt sind ____________

d) 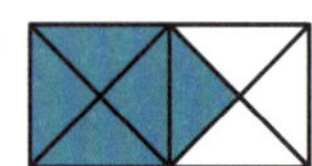

gefärbt sind ____________ nicht gefärbt sind ____________

2 Stelle den angegebenen Bruchteil färbig dar.

a)  $\frac{4}{5}$

d) 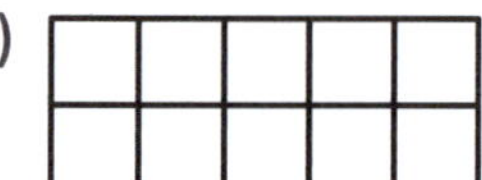 $\frac{3}{5}$

b)  $\frac{2}{4}$

e)  $\frac{3}{4}$

c)  1

f) 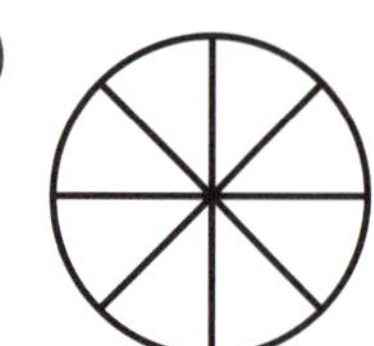 $\frac{1}{2}$

3 Markiere die echten Brüche grün, die unechten Brüche rot und die gemischten Zahlen blau.

$3\frac{4}{5}$	$\frac{2}{3}$	$\frac{15}{6}$	$2\frac{2}{3}$
$\frac{1}{2}$	$5\frac{1}{5}$	$\frac{20}{7}$	
$\frac{4}{5}$	$2\frac{3}{8}$	$\frac{4}{9}$	$\frac{3}{2}$

Brucharten

Zähler < Nenner ... echter Bruch
Zähler > Nenner ... unechter Bruch
Zahl + echter Bruch ... gemischte Zahl

4 ✱

Markiere die uneigentlichen Brüche und gib an, wie viele Ganze sie darstellen.

$\frac{14}{3}$ $\frac{20}{5}$ $\frac{21}{7}$ $\frac{2}{4}$ $\frac{3}{4}$ $\frac{10}{5}$ $\frac{8}{2}$

> ***Uneigentlicher Bruch***
> *Der Zähler lässt sich ohne Rest durch den Nenner dividieren. Uneigentliche Brüche stellen ganze Zahlen in Bruchform dar.*

5 ✱

Stelle den unechten Bruch graphisch dar und wandle ihn in eine gemischte Zahl um.

a) 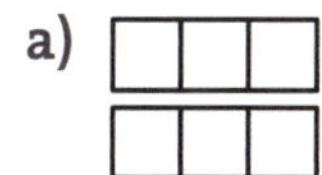 $\frac{4}{3}$ = ______________

c) $\frac{7}{3}$ = ______________

b) $\frac{6}{4}$ = ______________

d) $\frac{12}{5}$ = ______________

6 

Ordne den unechten Brüchen die passende gemischte Zahl zu bzw. umgekehrt.

a)

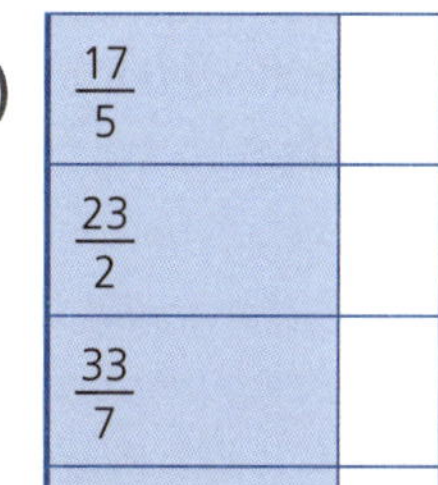

$\frac{17}{5}$	
$\frac{23}{2}$	
$\frac{33}{7}$	
$\frac{37}{15}$	

A	$4\frac{5}{7}$
B	$2\frac{7}{15}$
C	$1\frac{1}{2}$
D	$2\frac{3}{5}$
E	$3\frac{2}{5}$
F	$11\frac{1}{2}$

b)

$2\frac{5}{8}$	
$3\frac{3}{4}$	
$2\frac{7}{10}$	
$6\frac{1}{5}$	

A	$\frac{15}{4}$
B	$\frac{31}{5}$
C	$\frac{31}{8}$
D	$\frac{27}{10}$
E	$\frac{25}{4}$
F	$\frac{21}{8}$

7 

Gib die Schrittweite an. Welche Brüche sind auf dem Zahlenstrahl dargestellt?

a) 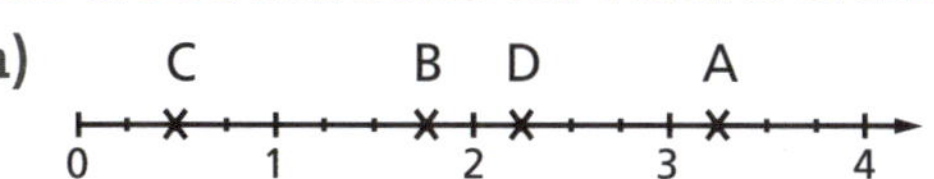

Schrittweite = ______________

A = _____; *B* = _____; *C* = _____; *D* = _____

b) A D C B
0 1 2

Schrittweite = ______________

A = _____; *B* = _____; *C* = _____; *D* = _____

8 ✱✱

Stelle die gemischte Zahl als unechten Bruch dar.

a) $5\frac{2}{7}$ = ______________

c) $9\frac{5}{9}$ = ______________

e) $4\frac{8}{13}$ = ______________

b) $10\frac{1}{3}$ = ______________

d) $9\frac{7}{11}$ = ______________

f) $11\frac{2}{5}$ = ______________

B Brüche als Dezimalzahlen darstellen und umgekehrt

1 Markiere die Dezimalbrüche.

$\frac{2}{5}$ $\frac{4}{10}$ $\frac{1}{11}$ $\frac{5}{100}$ $\frac{2}{1000}$

$\frac{4}{12}$ $\frac{3}{1000}$ $\frac{1}{10}$ $\frac{10}{20}$ $\frac{10}{100}$

> ***Dezimalbrüche***
> *Brüche mit den Nennern 10, 100, 1000 usw. heißen Dezimalbrüche.*

2 Stelle den Dezimalbruch als Dezimalzahl dar.

a) $\frac{7}{10}$ = ________ e) $\frac{632}{100}$ = ________

b) $\frac{21}{10}$ = ________ f) $\frac{9}{1000}$ = ________

c) $\frac{8}{100}$ = ________ g) $\frac{87}{1000}$ = ________

d) $\frac{52}{100}$ = ________ h) $\frac{827}{1000}$ = ________

> ***Dezimalbrüche als Dezimalzahlen darstellen***
> *Ist der Nenner 10, setze im Zähler das Komma so, dass die Zahl eine Nachkommastelle hat. Ist der Nenner 100, setze im Zähler das Komma so, dass die Zahl zwei Nachkommastellen hat usw., z.B.* $\frac{456}{100} = 4{,}56$

3 Stelle die Dezimalzahl als Dezimalbruch dar.

a) 0,3 = ________ f) 0,003 = ________

b) 0,7 = ________ g) 12,9 = ________

c) 1,13 = ________ h) 0,01 = ________

d) 2,021 = ________ i) 123,9 = ________

e) 0,123 = ________ j) 0,0003 = ________

> ***Endliche Dezimalzahlen als Brüche darstellen***
> *Schreibe im Zähler die auftretenden Ziffern und in den Nenner den kleinsten vorkommenden Stellenwert (Zehntel, Hundertstel, Tausendstel ...). Nullen am Beginn des Zählers lasse weg.*

4 Ordne den Zahlen in der linken Spalte die entsprechende Zahldarstellung im der rechten Spalte zu.

a)

$\frac{4}{1000}$	
2,3	
0,4	
$\frac{14}{100}$	

A	$\frac{23}{10}$
B	0,14
C	0,014
D	$\frac{4}{100}$
E	0,004
F	$\frac{4}{10}$

b)

$\frac{13}{1000}$	
1,3	
0,13	
$\frac{3}{100}$	

A	0,03
B	3,1
C	0,003
D	$\frac{13}{100}$
E	0,013
F	$\frac{13}{10}$

5 Stelle den Bruch als Dezimalzahl dar. Wandle eine gemischte Zahl in einen unechten Bruch um.

a) $\frac{4}{5}$ = ________

b) $\frac{13}{25}$ = ________

c) $\frac{11}{20}$ = ________

d) $\frac{6}{8}$ = ________

e) $\frac{17}{50}$ = ________

f) $2\frac{3}{15} = \frac{33}{15}$ = ________

g) $3\frac{9}{20}$ = ________

h) $4\frac{1}{20}$ = ________

i) $1\frac{25}{40}$ = ________

j) $5\frac{1}{50}$ = ________

Brüche in Dezimalzahlen umwandeln

Schreibe den Bruch als Division und berechne den Quotienten.

z.B. $\frac{1}{2} = 1 : 2 = 0{,}5$

6 Schreibe den Bruch als periodische Dezimalzahl.

a) $\frac{2}{7} = 2 : 7 =$

b) $\frac{3}{11} = 3 : 11 =$

c) $\frac{5}{12} = 5 : 12 =$

d) $\frac{7}{15} = 7 : 15 =$

e) $\frac{1}{12} = 1 : 12 =$

f) $\frac{17}{30} = 17 : 30 =$

Periodische Dezimalzahl

Eine periodische Dezimalzahl ist eine Dezimalzahl, die nach dem Komma eine sich wiederholende Gruppe von Ziffern (= Periode) aufweist.

z.B. $0{,}3333\ldots = 0{,}\dot{3}$

$0{,}171717\ldots = 0{,}\overline{17}$;

$0{,}23444\ldots = 0{,}23\dot{4}$

7 Stelle die periodische Dezimalzahl als Bruch dar.

a) $0{,}\dot{7}$ = ________

b) $0{,}\overline{16}$ = ________

c) $1{,}\overline{13}$ = ________

d) $0{,}\overline{601}$ = ________

e) $0{,}\overline{123}$ = ________

f) $3{,}\overline{31}$ = ________

g) $0{,}\dot{1}$ = ________

h) $2{,}\overline{04}$ = ________

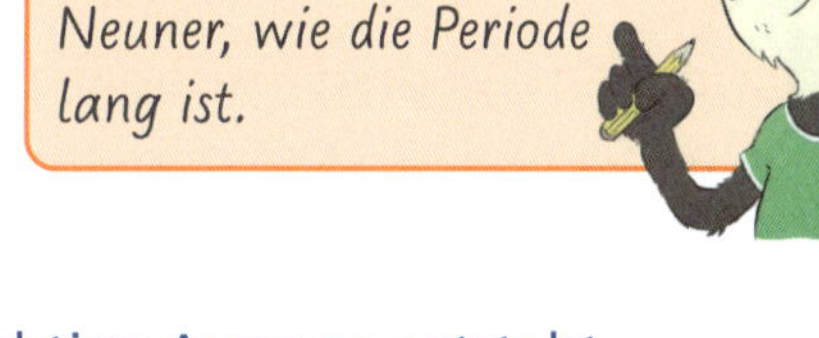

Eine periodische Dezimalzahl als Bruch darstellen

Schreibe in den Zähler die Nachkommastellen und in den Nenner so viele Neuner, wie die Periode lang ist.

8 Ergänze den Text so, dass eine mathematisch richtige Aussage entsteht.

Die Dezimaldarstellung des Bruches ______(1) lautet ___________(2).

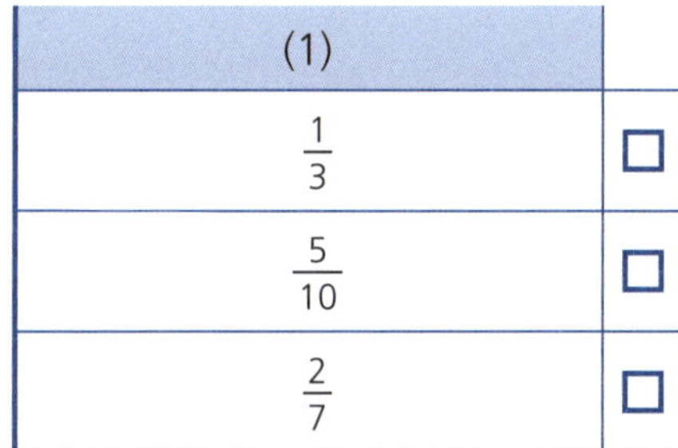

(1)	
$\frac{1}{3}$	☐
$\frac{5}{10}$	☐
$\frac{2}{7}$	☐

(2)	
0,75	☐
$0{,}\overline{285714}$	☐
$0{,}\dot{3}$	☐

C Anteile einer Größe – den Bruchteil/das Ganze berechnen

1 ✱ Anteile bestimmen

a) Ein Unternehmen hat 800 Mitarbeiterinnen und Mitarbeiter, von denen 120 in der Verwaltung arbeiten. Stelle den Anteil der Verwaltungsmitarbeiterinnen und Verwaltungsmitarbeiter als Bruch dar. ______

b) In einer Schulklasse gibt es 10 Schülerinnen und 15 Schüler. Gib den Anteil der Jungen in der Klasse als Bruch an. ______

c) Ein Laden verkauft jeden Monat 900 Hosen, davon sind 120 Jeans. Gib den Anteil der verkauften Jeans als Bruch an. ______

d) Eine Spendenaktion hat insgesamt 5000 Euro gesammelt, wovon 800 Euro für wohltätige Zwecke verwendet wurden. Gib den Anteil der Spenden, der für wohltätige Zwecke verwendet wurde, als Bruch an. ______

2 ✱ Ordne der Aussage in der linken Spalte den entsprechenden Anteil in der rechten Spalte zu.

Aussage	
7 € von 100 €	
3 km von 7 km	
Acht von neun Jugendlichen	
51 hl von 200 hl	

	Anteil
A	$\frac{51}{200}$
B	$\frac{7}{100}$
C	$\frac{7}{3}$
D	$\frac{8}{9}$
E	$\frac{3}{7}$
F	$\frac{100}{7}$

3 ✱ Gib den Anteil in Bruchdarstellung an.

a) 3 dm von 1 m
b) 8 cm von 5 dm
c) 21 m von 2 km
d) 11 mm von 3 dm
e) 7 min von 3 h
f) 1 m^2 von 1 a

Anteile von Größen
Wandle die größere Einheit in die kleinere Einheit um.

4 ✱ Berechne den angegeben Bruchteil. Dividiere dazu das Ganze mit dem Nenner.

a) $\frac{1}{2}$ von 300 km = ______ km
b) $\frac{1}{4}$ von 36 kg = ______ kg
c) $\frac{1}{7}$ von 56 € = ______ €
d) $\frac{1}{8}$ von 64 ha = ______ ha
e) $\frac{1}{12}$ von 144 m^3 = ______ m^3
f) $\frac{1}{3}$ vom 1 350 € = ______ €

5 Berechne schrittweise den Bruchteil.

✱✱

a) $\frac{2}{3}$ von 2 310 km = ______________ km

b) $\frac{4}{5}$ von 560 € = ______________ €

c) $\frac{7}{10}$ von 730 m² = ______________ m²

d) $\frac{3}{8}$ von 120 l = ______________ l

e) $\frac{7}{12}$ von 168 dm = ______________ dm

Schrittweise Berechnung des Bruchteils

z.B. $\frac{4}{9}$ von 207 cm

1. Schritt: $\frac{1}{9}$ von 207 km =

207 : 9 = 23 km

2. Schritt: $\frac{4}{9}$ von 207 km =

4 · 23 = 92 km

6 Bestimme den angegeben Bruchteil von 17 dm.

a) $\frac{7}{10}$ b) $\frac{9}{10}$ c) $\frac{11}{100}$ d) $\frac{23}{100}$

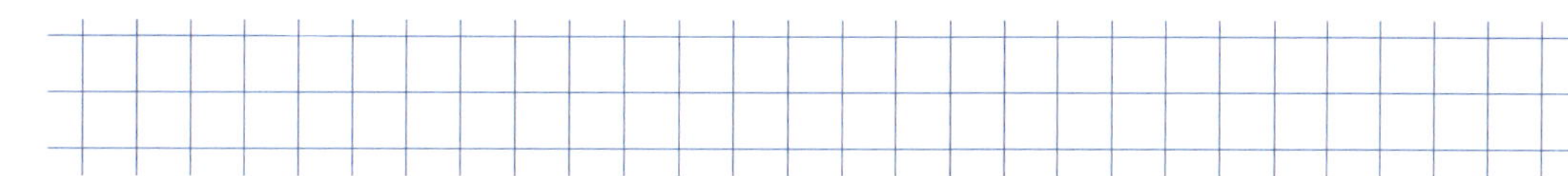

7 Bestimme den Wert für x (*d.h.* das Ganze, den Ausgangswert).

✱✱

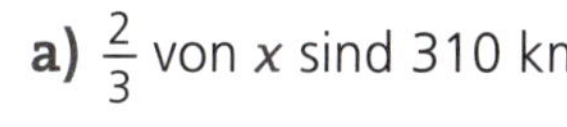

a) $\frac{2}{3}$ von x sind 310 km x = __________

b) $\frac{5}{9}$ von x sind 95 € x = __________

c) $\frac{4}{7}$ von x sind 248 dm x = __________

d) $\frac{9}{10}$ von x sind 405 dm² x = __________

e) $\frac{10}{11}$ von x sind 90 mm³ x = __________

f) $\frac{12}{13}$ von x sind 108 hl x = __________

Das Ganze bestimmen

- Dividiere die gegebene Größe durch den Zähler
- Multipliziere den erhaltenen Quotienten mit dem Nenner

z.B. $\frac{4}{7}$ von x sind 28 €

x = (28 : 4) · 7 = 49 €

8 Bestimme den Wert für x.

a) $\frac{6}{11}$ von x sind 246 t x = ______________

b) $\frac{2}{5}$ von 4 355 € sind x € x = ______________

c) $\frac{9}{14}$ von 154 ha sind x ha x = ______________

d) $\frac{7}{12}$ von x sind 385 a x = ______________

e) $\frac{3}{10}$ von 1 420 mm sind x mm x = ______________

f) $\frac{5}{8}$ von x kg sind 130 kg x = ______________

g) $\frac{7}{15}$ von 120 m³ sind x m³ x = ______________

D Erweitern und Kürzen

1 Mit welcher Zahl wurde der Bruch erweitert? Gib den erweiterten Bruch an.

a) 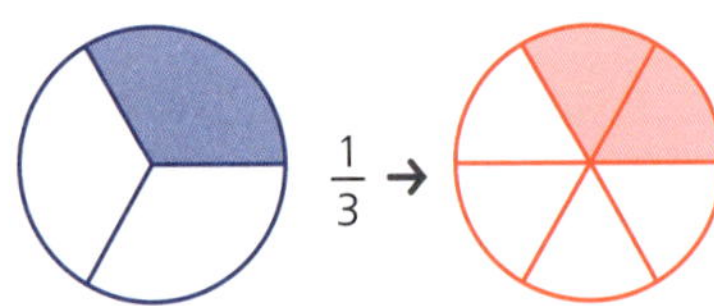 $\frac{1}{3} \rightarrow$ ________

b) 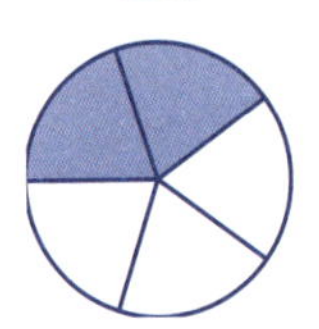 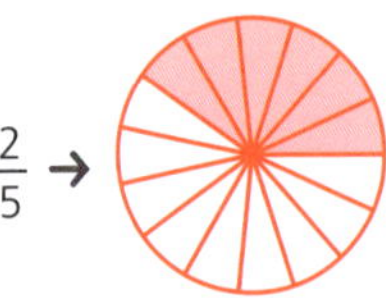 $\frac{2}{5} \rightarrow$ ________

c) 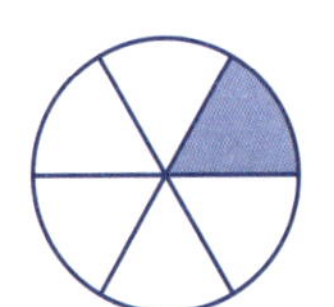  $\frac{1}{6} \rightarrow$ ________

d) 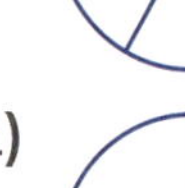 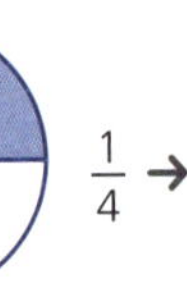 $\frac{1}{4} \rightarrow$ ________

> ***Erweitern eines Bruches***
> *Ein Bruch wird erweitert, indem man den Zähler und den Nenner des Bruches mit derselben von 0 verschiedenen Zahl multipliziert.*
>
> *Das Erweitern entspricht einer Verfeinerung der Aufteilung des Ganzen in gleich große Teile.*

2 Ergänze die Erweiterungszahl.

Bruch	erweiterter Bruch	Erweiterungszahl
$\frac{2}{5}$	$\frac{8}{20}$	
$\frac{7}{10}$	$\frac{21}{30}$	
$\frac{9}{11}$	$\frac{36}{44}$	
$\frac{3}{14}$	$\frac{30}{140}$	

3 Erweitere den Bruch mit der gegebenen Zahl.

a) $\frac{1}{13}$ Erweiterungszahl: 5 erweiterter Bruch: ________

b) $\frac{2}{9}$ Erweiterungszahl: 8 erweiterter Bruch: ________

c) $\frac{11}{12}$ Erweiterungszahl: 3 erweiterter Bruch: ________

d) $\frac{13}{15}$ Erweiterungszahl: 2 erweiterter Bruch: ________

4 Erweitere den Bruch auf den gegebenen Nenner.

a) $\frac{5}{6} = \frac{\quad}{18}$ b) $\frac{7}{11} = \frac{\quad}{44}$ c) $\frac{5}{13} = \frac{\quad}{65}$ d) $\frac{4}{17} = \frac{\quad}{34}$

5 Ergänze den Zähler bzw. den Nenner des erweiterten Bruches.

a) $\frac{2}{7} = \frac{14}{}$ b) $\frac{11}{12} = \frac{}{36}$ c) $\frac{3}{14} = \frac{}{84}$ d) $\frac{2}{21} = \frac{30}{}$

6 Erweitere die Brüche $\frac{2}{3}$, $\frac{3}{4}$ und $\frac{5}{6}$ so, dass der Nenner 24 ist.

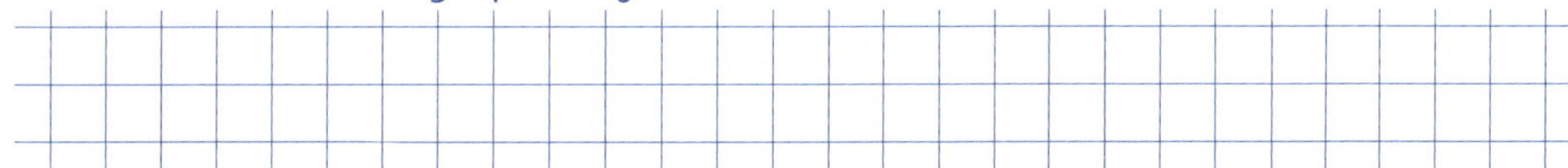

7 Durch welche Zahl wurde der Bruch gekürzt? Gib den gekürzten Bruch an.

a)

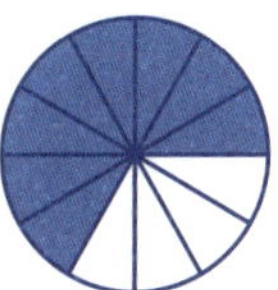

$\frac{8}{12}$ →

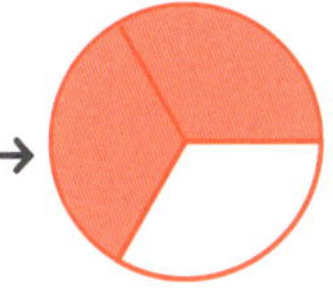

Kürzungszahl: ______

b)

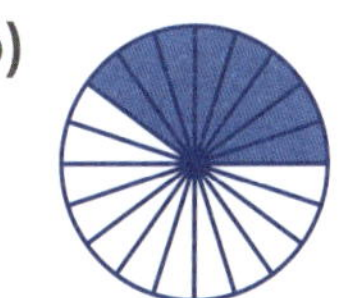

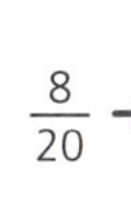

$\frac{8}{20}$ →

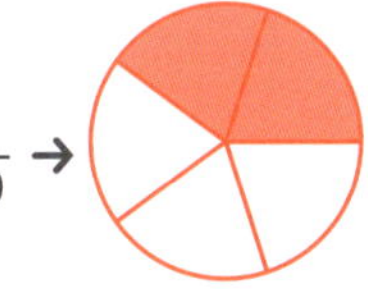

Kürzungszahl: ______

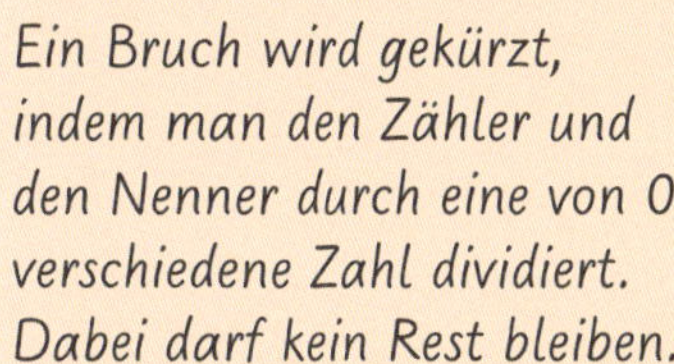

Kürzen eines Bruches

Ein Bruch wird gekürzt, indem man den Zähler und den Nenner durch eine von 0 verschiedene Zahl dividiert. Dabei darf kein Rest bleiben.

Das Kürzen ist die Umkehrung des Erweiterns.

c)

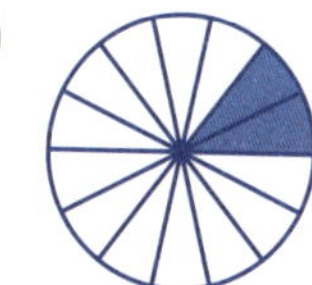

$\frac{2}{14}$ →

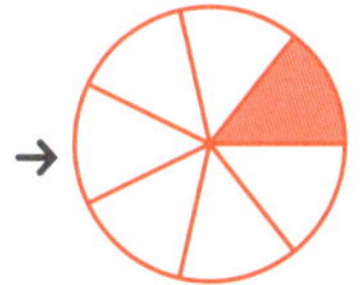

Kürzungszahl: ______

d)

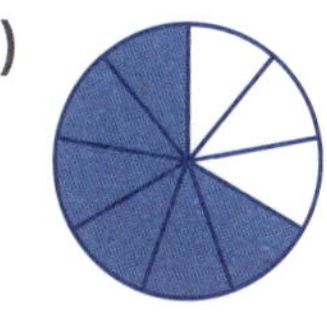

$\frac{6}{9}$ →

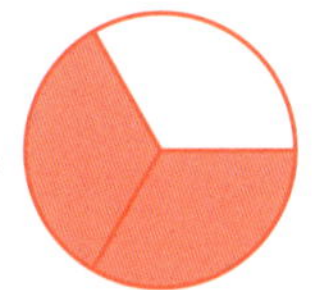

Kürzungszahl: ______

8 Kürze den Bruch (*i*) schrittweise und (*ii*) durch die größtmögliche Zahl.

 (*i*)    (*ii*)

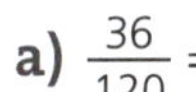

a) $\frac{36}{120} =$

b) $\frac{24}{30} =$

c) $\frac{48}{54} =$

d) $\frac{42}{66} =$

e) $\frac{60}{80} =$

f) $\frac{45}{90} =$

Schrittweises Kürzen

Ein Bruch darf schrittweise oder durch die größtmögliche Zahl gekürzt werden.

E Vergleichen von Brüchen

1 ✱ Ordne die Brüche der Größe nach. Mache eine steigende Ungleichungskette.

a) $\frac{4}{32}, \frac{1}{32}, \frac{7}{32}, \frac{17}{32}, \frac{5}{32}, \frac{31}{32}$

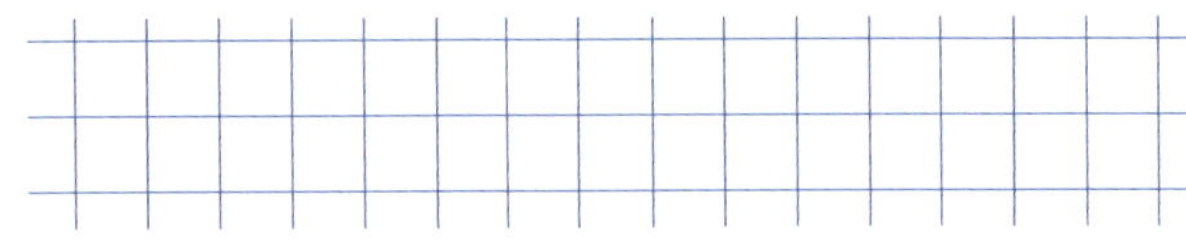

b) $\frac{17}{29}, \frac{4}{29}, \frac{18}{29}, \frac{22}{29}, \frac{1}{29}$

> **Vergleichen von Brüchen**
> - *Haben Brüche gleiche Nenner, ist der Bruch kleiner, der den kleineren Zähler hat, z.B.* $\frac{4}{13} < \frac{6}{13}$
> - *Haben Brüche gleiche Zähler, ist der Bruch kleiner, der den größeren Nenner hat, z.B.* $\frac{7}{15} < \frac{7}{14}$

2 ✱ Ordne die Brüche der Größe nach. Mache eine fallende Ungleichungskette.

a) $\frac{6}{23}, \frac{6}{12}, \frac{6}{11}, \frac{6}{10}, \frac{6}{21}, \frac{6}{15}$ **b)** $\frac{1}{12}, \frac{1}{20}, \frac{1}{14}, \frac{1}{30}, \frac{1}{11}, \frac{1}{2}$ **c)** $\frac{4}{17}, \frac{4}{20}, \frac{4}{21}, \frac{4}{6}, \frac{4}{30}, \frac{4}{28}$

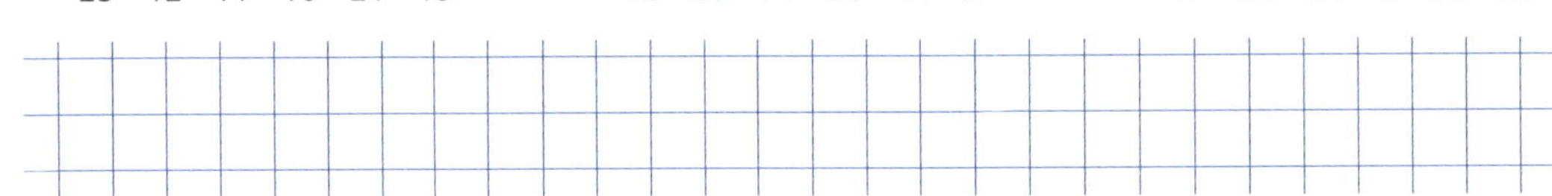

3 ✱✱ Setze das Zeichen <, > oder = ein.

a) $\frac{2}{3}$ ______ $\frac{3}{5}$ **e)** $\frac{2}{6}$ ______ $\frac{5}{12}$

b) $\frac{2}{3}$ ______ $\frac{4}{6}$ **f)** $\frac{1}{2}$ ______ $\frac{3}{6}$

c) $\frac{4}{7}$ ______ $\frac{5}{9}$ **g)** $\frac{4}{5}$ ______ $\frac{8}{10}$

d) $\frac{3}{4}$ ______ $\frac{6}{8}$ **h)** $\frac{1}{11}$ ______ $\frac{1}{12}$

> **Brüche vergleichen**
> *Brüche mit unterschiedlichen Zählern und Nennern werden auf einen gemeinsamen Nenner erweitert.*

4 ✱✱✱ Ordne die Brüche der Größe nach. Mache eine steigende Ungleichungskette.

a) $\frac{7}{8}, \frac{5}{6}, \frac{3}{4}$ **c)** $\frac{4}{5}, \frac{7}{8}, \frac{2}{3}$

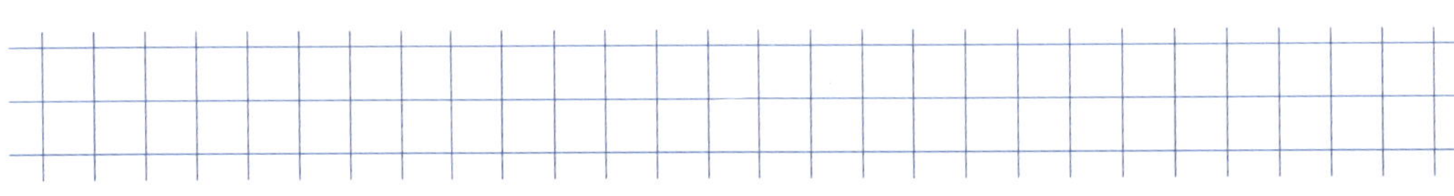

b) $\frac{2}{5}, \frac{1}{3}, \frac{3}{8}$ **d)** $\frac{5}{7}, \frac{3}{4}, \frac{2}{5}$

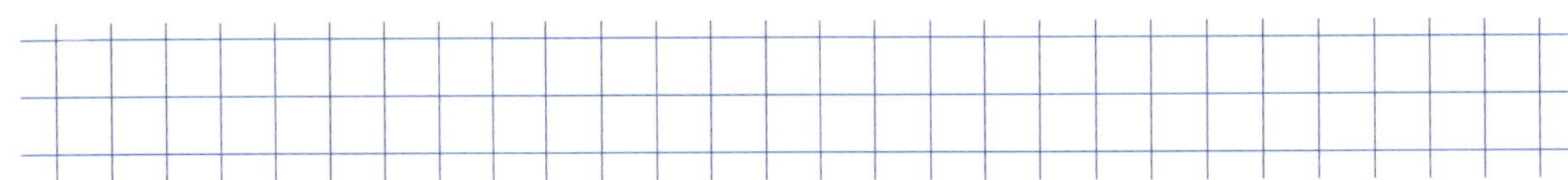

5 ✱✱

Ergänze den Text so, dass eine mathematisch richtige Aussage entsteht.
Der Bruch ________(1) ist größer als der Bruch ________(2).

(1)	
$\frac{18}{21}$	☐
$\frac{7}{21}$	☐
$\frac{11}{21}$	☐

(2)	
$\frac{20}{21}$	☐
$\frac{23}{21}$	☐
$\frac{17}{21}$	☐

6 ✱✱

Ergänze den Text so, dass eine mathematisch richtige Aussage entsteht.
Der Bruch ________(1) ist kleiner als der Bruch ________(2).

(1)	
$\frac{17}{100}$	☐
$\frac{19}{100}$	☐
$\frac{40}{100}$	☐

(2)	
$\frac{15}{100}$	☐
$\frac{18}{100}$	☐
$\frac{13}{100}$	☐

7 ✱✱✱

Kreuze die richtigen Aussagen an.

Wenn zwei Brüche den gleichen Zähler haben, ist der mit dem kleineren Nenner größer.	☐
Wenn der Zähler gleich bleibt und der Nenner größer wird, wird der Bruch größer.	☐
Das Vergleichen von Brüchen mit verschiedenen Zählern und Nennern erfordert das Finden eines gemeinsamen Nenners.	☐
Ein Bruch, bei dem der Zähler gleich dem Nenner ist, ist gleich 1.	☐
Der Bruch $\frac{7}{11}$ ist größer als Bruch $\frac{7}{10}$.	☐

8 ✱✱✱

Ordne dem Bruch in der linken Spalte den Bruch mit demselben Wert aus der rechten Spalte zu.

$\frac{112}{100}$	
$\frac{21}{32}$	
$\frac{153}{180}$	
$\frac{17}{19}$	

A	$\frac{105}{160}$
B	$\frac{136}{152}$
C	$\frac{100}{160}$
D	$\frac{28}{25}$
E	$\frac{17}{20}$
F	$\frac{25}{28}$

F Addition und Subtraktion von Brüchen

1 ✱ Schreibe die entsprechende Rechnung und das Ergebnis an. Kürze das Ergebnis, wenn möglich.

> ***Gleichnamige Brüche addieren bzw. subtrahieren***
> *Gleichnamige Brüche werden addiert bzw. subtrahiert, indem man die Zähler addiert bzw. subtrahiert.*

a)

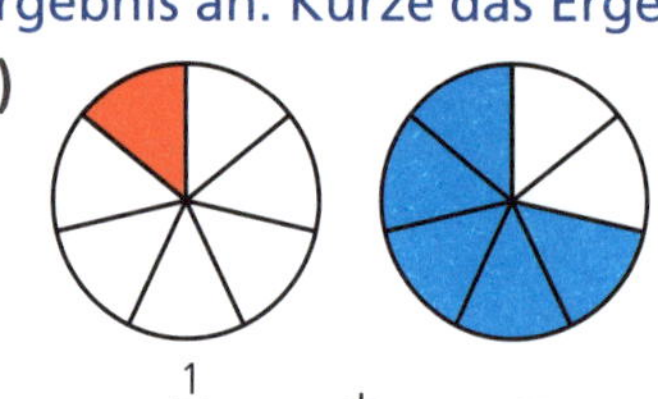

$\frac{1}{7}$ + — =

b)

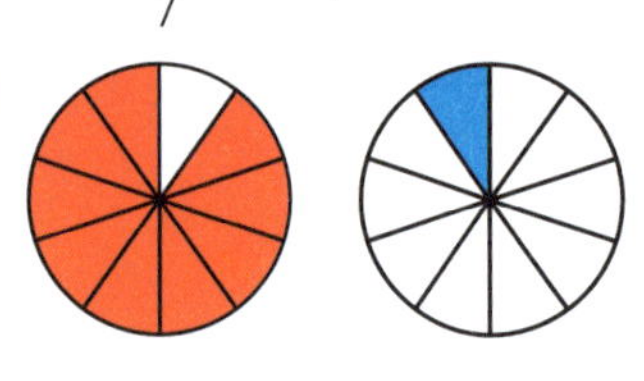

— — — =

c)

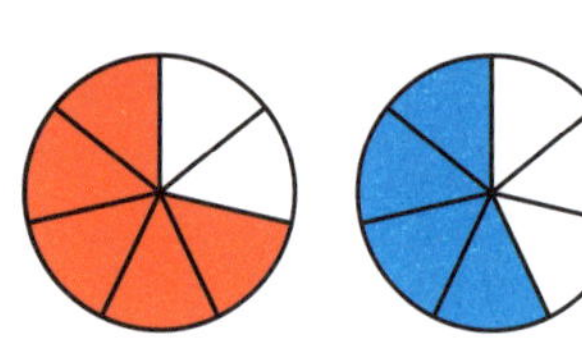

— + — =

2 ✱ Ordne den Rechnungen das jeweils passende Ergebnis zu.

Rechnung	
$\frac{6}{11} + \frac{3}{11}$	
$1\frac{2}{3} + \frac{1}{3}$	
$3\frac{2}{5} - 1\frac{1}{5}$	
$5\frac{4}{7} - 2\frac{3}{7}$	

	Ergebnis
A	2
B	$2\frac{1}{5}$
C	$\frac{9}{11}$
D	$3\frac{1}{7}$

3 ✱ Berechne die Summe. Wandle gemischte Zahlen in unechte Brüche um. Kürze das Ergebnis, wenn möglich. Stelle die Summe, wenn möglich, als gemischte Zahl dar.

a) $\frac{3}{5} + \frac{2}{5} =$ ____________

b) $\frac{7}{9} + \frac{5}{9} =$ ____________

c) $\frac{7}{11} + \frac{2}{11} =$ ____________

d) $1\frac{1}{4} + \frac{3}{4} =$ ____________

e) $2\frac{2}{5} + 1\frac{1}{5} =$ ____________

f) $3\frac{2}{9} + 1\frac{1}{9} + 2\frac{4}{9} =$ ____________

4 ✱ Berechne die Differenz. Wandle gemischte Zahlen in unechte Brüche um. Kürze das Ergebnis, wenn möglich. Stelle die Differenz, wenn möglich, als gemischte Zahl dar.

a) $\frac{8}{13} - \frac{4}{13} =$ ____________

b) $3\frac{4}{5} - 1\frac{1}{5} =$ ____________

c) $6\frac{2}{9} - 4\frac{1}{9} =$ ____________

d) $9\frac{7}{11} - 3\frac{5}{11} =$ ____________

e) $7\frac{2}{8} - 3\frac{5}{8} =$ ____________

f) $11\frac{2}{7} - 7\frac{6}{7} =$ ____________

5 Berechne die Summe und kürze, wenn möglich.

a) $\frac{3}{5} + \frac{2}{7} =$ ______

b) $\frac{7}{8} + \frac{1}{4} =$ ______

c) $\frac{4}{9} + \frac{5}{6} =$ ______

d) $\frac{2}{3} + \frac{1}{5} =$ ______

e) $\frac{7}{8} - \frac{1}{4} =$ ______

f) $\frac{3}{5} - \frac{2}{7} =$ ______

g) $\frac{2}{3} - \frac{1}{5} =$ ______

h) $\frac{6}{7} - \frac{2}{9} =$ ______

Ungleichnamige Brüche addieren bzw. subtrahieren

Ungleichnamige Brüche werden vor dem Addieren bzw. Subtrahieren auf einen gemeinsamen Nenner erweitert.

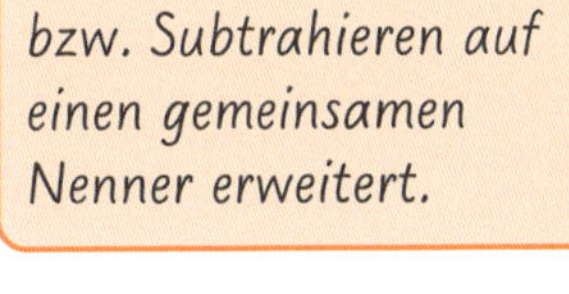

6 Ergänze die fehlenden Zahlen. Erweitere auf das kleinste gemeinsame Vielfache der Nenner. Kürze, wenn möglich.

a) $\frac{3}{5} - \frac{2}{7} - \frac{1}{4} =$ ____ − ____ − ____ = ____ kgV(5, 7, 4) = ______

b) $\frac{11}{8} - \frac{1}{4} - \frac{2}{3} =$ ____ − ____ − ____ = ____ kgv(8, 4, 3) = ______

c) $1\frac{1}{12} - \frac{3}{10} - \frac{1}{2} =$ ____ − ____ − ____ = ____ kgV(12, 10, 2) = ______

d) $1\frac{3}{14} - \frac{2}{5} - \frac{1}{2} =$ ____ − ____ − ____ = ____ kgV(14, 5, 2) = ______

7 Verbinde die Rechnungen mit dem passenden Ergebnis.

A: $\frac{3}{5} + \frac{2}{7} + \frac{1}{2}$ B: $\frac{7}{8} + \frac{1}{4} + \frac{5}{6}$ C: $\frac{4}{9} + \frac{5}{6} + \frac{2}{3}$ D: $\frac{6}{5} + \frac{1}{9} + \frac{1}{2}$

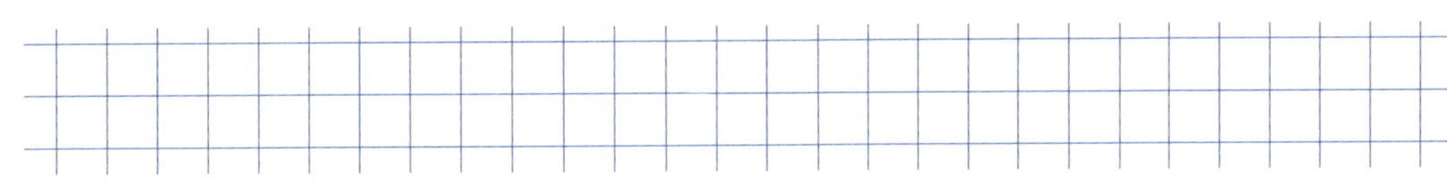

$1\frac{73}{90}$ $1\frac{23}{24}$ $1\frac{11}{12}$ $1\frac{3}{8}$ $1\frac{27}{70}$ $1\frac{17}{18}$

8 Gegeben sind die Zahlen $x = 5\frac{2}{7}$, $y = 2\frac{5}{14}$ und $z = \frac{6}{21}$. Berechne.

a) $x - z + y$ ______

b) $x + y - z$ ______

c) $x + y + z$ ______

d) $x - y - z$ ______

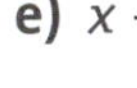

e) $x + x + y$ ______

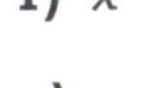

f) $x - y - y$ ______

g) $y + z + z$ ______

G Brüche mit natürlichen Zahlen multiplizieren bzw. durch natürliche Zahlen dividieren

Brüche mit natürlichen Zahlen multiplizieren

Ein Bruch wird einer natürlichen Zahl multipliziert, indem man den Zähler mit der Zahl multipliziert. Der Nenner bleibt unverändert. Gemischte Zahlen werden vor dem Multiplizieren als unechte Brüche dargestellt.

1 * Berechne das Produkt.

a) $\frac{2}{9} \cdot 4 =$ ______ f) $1\frac{1}{2} \cdot 11 =$ ______

b) $\frac{3}{11} \cdot 5 =$ ______ g) $2\frac{5}{6} \cdot 9 =$ ______

c) $\frac{10}{11} \cdot 5 =$ ______ h) $1\frac{1}{2} \cdot 12 =$ ______

d) $\frac{9}{10} \cdot 7 =$ ______ i) $2\frac{2}{3} \cdot 13 =$ ______

e) $2\frac{1}{3} \cdot 10 =$ ______ j) $5\frac{1}{3} \cdot 10 =$ ______

2 * Berechne das Produkt. Kürze vor dem Ausmultiplizieren.

a) $\frac{7}{9} \cdot 3 =$ ______ e) $\frac{5}{21} \cdot 14 =$ ______

b) $\frac{7}{14} \cdot 2 =$ ______ f) $2\frac{1}{12} \cdot 16 =$ ______

c) $\frac{13}{15} \cdot 5 =$ ______ g) $1\frac{1}{27} \cdot 18 =$ ______

d) $\frac{7}{15} \cdot 10 =$ ______ h) $3\frac{5}{18} \cdot 12 =$ ______

Brüche durch natürliche Zahlen dividieren

Ein Bruch wird durch eine natürliche Zahl dividiert, indem man den Zähler, wenn das ohne Rest möglich ist, durch die natürliche Zahl dividiert. Andernfalls wird der Nenner mit der natürlichen Zahl multipliziert. Gemischte Zahlen werden vor dem Dividieren als unechte Brüche dargestellt.

3  Berechne den Quotienten.

a) $\frac{10}{13} : 5 =$ ______ e) $\frac{3}{11} : 2 =$ ______

b) $\frac{18}{31} : 9 =$ ______ f) $\frac{8}{11} : 3 =$ ______

c) $1\frac{3}{14} : 17 =$ ______ g) $2\frac{5}{9} : 10 =$ ______

d) $2\frac{5}{8} : 3 =$ ______ h) $3\frac{1}{11} : 11 =$ ______

4 ** Ordne der Rechnung den passenden Quotienten bzw. das passende Produkt zu.

Rechnung	
$1\frac{12}{13} : 5$	
$1\frac{3}{13} : 8$	
$5\frac{2}{13} \cdot 3$	
$8\frac{2}{13} \cdot 2$	

	Ergebnis
A	$\frac{2}{13}$
B	$15\frac{6}{13}$
C	$\frac{5}{13}$
D	$16\frac{4}{13}$

5 ✱✱

Für den Umfang u eines Quadrats mit der Seitenlänge x gilt: $u = 4 \cdot x$
Berechne den Umfang des Quadrats mit der gegebenen Seitenlänge.

a) $x = 3\frac{1}{10}$ cm $\quad u =$ ____________________

b) $x = 2\frac{5}{6}$ cm $\quad u =$ ____________________

c) $x = 5\frac{3}{4}$ cm $\quad u =$ ____________________

d) $x = 4\frac{7}{12}$ cm $\quad u =$ ____________________

6 ✱✱

Für den Umfang u eines Rechtecks mit den Seitenlängen x und y gilt: $u = 2 \cdot (x + y)$
Berechne den Umfang des Rechtecks mit den gegebenen Seitenlängen.

a) $x = \frac{2}{3}$ m, $y = \frac{3}{4}$ m $\quad u =$ ____________________

b) $x = 1\frac{1}{2}$ m, $y = 2\frac{1}{5}$ m $\quad u =$ ____________________

c) $x = 3\frac{1}{3}$ m, $y = 1\frac{1}{6}$ m $\quad u =$ ____________________

d) $x = 5\frac{1}{4}$ m, $y = 2\frac{5}{8}$ m $\quad u =$ ____________________

7 ✱✱

Ordne den Rechnungen in der linken Spalte die fehlenden Zahlen aus der rechten Spalte zu.

Rechnung	
$\frac{x}{24} : 2 = \frac{3}{8}$	
$\frac{11}{x} : 9 = \frac{11}{36}$	
$3\frac{2}{11} : x = \frac{7}{11}$	
$\frac{18}{x} : 8 = \frac{3}{32}$	

A	$x = 24$
B	$x = 4$
C	$x = 18$
D	$x = 5$

8 ✱✱

In einem Messbecher sind $\frac{7}{8}$ Liter Wasser. Wenn das Wasser gleichmäßig auf 4 Becher verteilt wird, wie viel Wasser ist dann in jedem Becher?

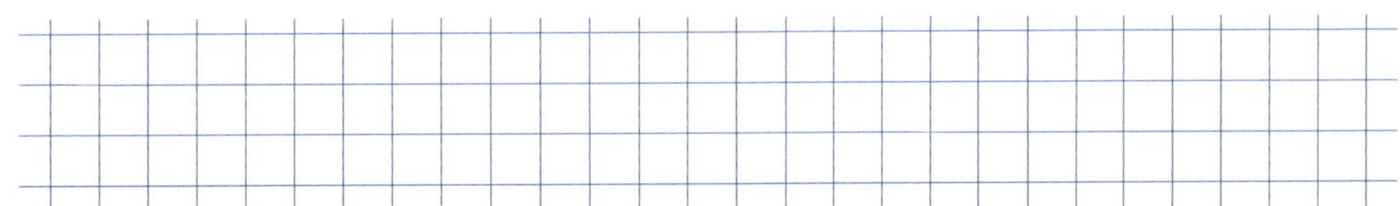

9 ✱✱

Ein Gärtner pflanzt Blumen in $\frac{3}{5}$ eines Gartens. Wenn er dann entscheidet, 4 solcher Gärten mit den gleichen Blumen zu bepflanzen, welchen Bruchteil der Gesamtfläche der fünf Gärten hat er bepflanzt?

H Multiplikation und Division von zwei Brüchen

1 Gib die Rechnung und das Ergebnis der dargestellten Multiplikation an.

a) 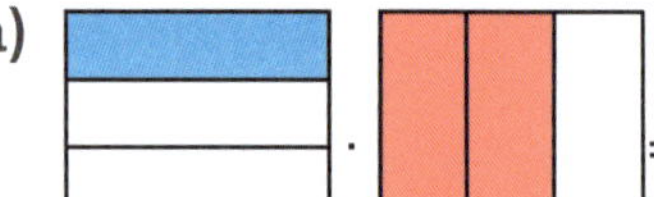 · 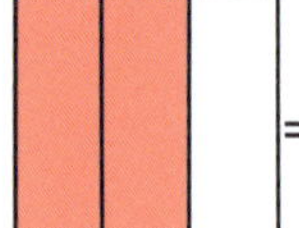 = 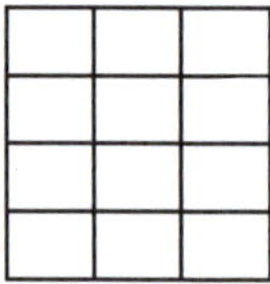 ____

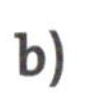
b) 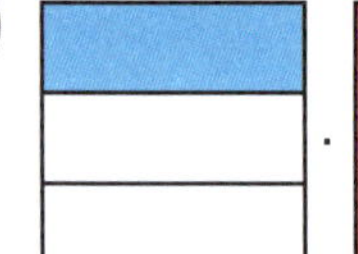 · 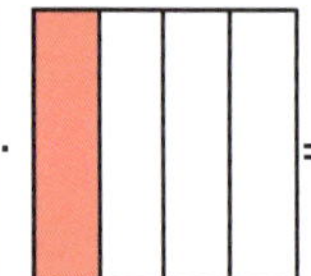 =  ____

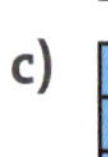
c) 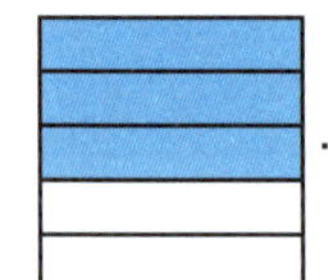 · 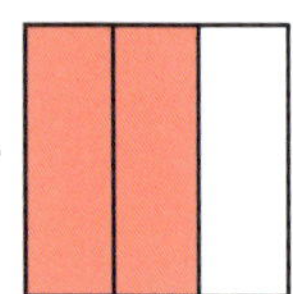 =  ____

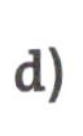
d) 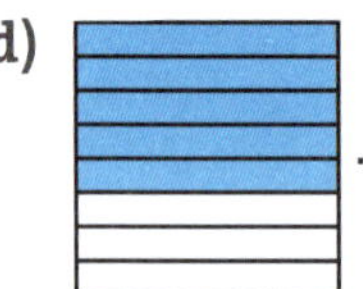 · 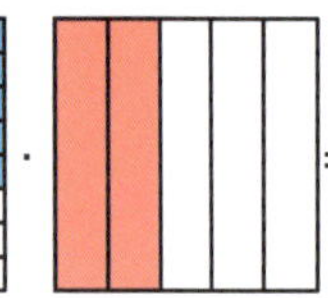 = 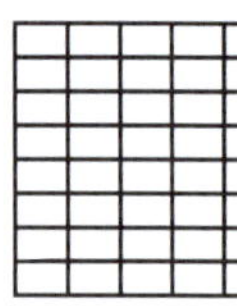 ____

Multiplikation von Brüchen
Zwei Brüche werden multipliziert, indem man die Zähler und die Nenner multipliziert.
Vor dem Multiplizieren kürzen, wenn möglich!
Gemischte Zahlen als unechte Brüche darstellen!

Kehrwert
Man bildet den Kehrwert eines Bruches, indem man den Zähler und den Nenner des Bruches vertauscht.
z.B. $4 = \frac{4}{1} \rightarrow$ Kehrwert: $\frac{1}{4}$
$\frac{2}{7} \rightarrow$ Kehrwert: $\frac{7}{2}$

2 Berechne das Produkt. Kürze, wenn möglich!

a) $\frac{1}{7} \cdot \frac{2}{9} =$ ____
b) $\frac{2}{3} \cdot \frac{1}{11} =$ ____
c) $\frac{5}{8} \cdot \frac{2}{9} =$ ____
d) $1\frac{1}{2} \cdot 1\frac{1}{4} =$ ____
e) $2\frac{4}{5} \cdot \frac{3}{4} =$ ____
f) $1\frac{2}{7} \cdot 1\frac{1}{2} =$ ____
g) $2\frac{2}{3} \cdot 1\frac{3}{4} =$ ____
h) $5\frac{1}{10} \cdot \frac{4}{5} =$ ____

3 Ergänze die fehlenden Teile. Kürze, wenn möglich!

a) Die Hälfte von 15 m = 15 : 2 = $15 \cdot \frac{1}{2} =$ ____

b) Ein Drittel von 7 m² = 7 : 3 = $7 \cdot \frac{1}{3} =$ ____

c) Ein Viertel von 10 ha = 10 : 4 = 10 · ____ = ____

d) Ein Fünftel von 3 km = 3 : ____ = 3 · ____ = ____

Division von Brüchen
Brüche werden dividiert, indem man den Kehrwert des Divisors bildet und die Brüche multipliziert.

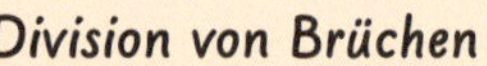

4 Berechne den Quotienten. Kürze, wenn möglich!

a) $\frac{3}{4} : \frac{1}{8} =$ ____
b) $\frac{5}{9} : \frac{2}{3} =$ ____
c) $\frac{7}{12} : \frac{3}{4} =$ ____
d) $\frac{1}{12} : \frac{5}{6} =$ ____

5 ✱✱ Berechne den Quotienten. Wandle gemischte Zahlen in unechte Brüche um!

a) $1\frac{3}{5} : \frac{3}{10} =$ ____________

b) $2\frac{2}{3} : 1\frac{1}{6} =$ ____________

c) $3\frac{4}{5} : \frac{1}{10} =$ ____________

d) $\frac{5}{12} : 1\frac{3}{8} =$ ____________

e) $\frac{4}{15} : \frac{7}{10} =$ ____________

f) $1\frac{5}{7} : \frac{3}{14} =$ ____________

g) $2\frac{2}{3} : 3\frac{2}{6} =$ ____________

h) $\frac{23}{11} : 1\frac{1}{22} =$ ____________

6 ✱✱ Ordne den Rechnungen in der linken Spalte das passende Ergebnis aus der rechten Spalte zu.

Rechnung	
$3\frac{1}{5} : 1\frac{1}{15}$	
$\frac{4}{9} \cdot 1\frac{1}{2}$	
$4\frac{2}{5} : 1\frac{3}{10}$	
$\frac{6}{13} \cdot \frac{26}{12}$	

	Ergebnis
A	$\frac{2}{3}$
B	$3\frac{5}{13}$
C	$1\frac{1}{2}$
D	3
E	$\frac{7}{13}$
F	1

7 ✱✱✱ Petra möchte $\frac{7}{10}$ Liter Orangensaft in $\frac{1}{8}$-*l*-Gläser füllen. Bestimme, wie viele ganze Gläser sie befüllen kann. Wie viel Liter Orangensaft bleibt über?

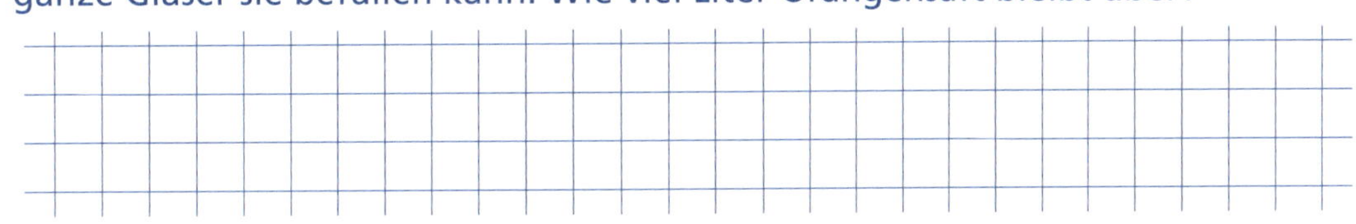

8 ✱✱✱ Ein Rechteck hat einen Flächeninhalt von 33 cm². Die Länge des Rechtecks ist $7\frac{1}{2}$ cm. Berechne die Breite des Rechtecks.

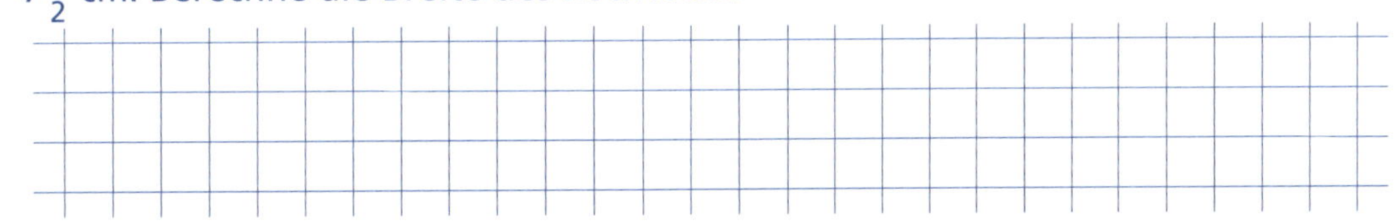

9 ✱✱✱ Gerda erteilt Geigenunterricht. Eine Unterrichtsstunde dauert $1\frac{1}{2}$ Stunden. In einer Woche unterrichtet sie $22\frac{1}{2}$ Stunden. Wie viele Unterrichtseinheiten hat sie gegeben?

4 Brüche

I Verbindung der Grundrechnungsarten

1 Berechne. ✱

a) $\frac{1}{2} + \frac{3}{4} \cdot \frac{2}{5} =$ ____________________

b) $\frac{5}{6} - \frac{1}{3} : \frac{2}{3} =$ ____________________

c) $\left(\frac{2}{3} + \frac{1}{4}\right) \cdot \frac{6}{5} =$ ____________________

d) $\frac{4}{5} - \frac{1}{2} : \frac{2}{3} =$ ____________________

e) $\frac{2}{3} + \frac{1}{4} - \frac{5}{6} \cdot \frac{1}{2} =$ ____________________

Vorrangregeln
„Punktrechnungen" (Multiplikation und Division) vor den „Strichrechnungen" (Addition und Subtraktion) ausführen.
Klammern zuerst berechnen!

2 Ordne den Rechnungen das jeweils passende Ergebnis zu. ✱✱

Rechnung	
$\frac{4}{5} + \left(\frac{1}{3} - \frac{1}{6}\right) \cdot 2$	
$\frac{2}{3} \cdot \left(\frac{3}{4} : \frac{1}{2}\right) - 1$	
$\left(\frac{5}{6} + \frac{1}{4}\right) - \frac{2}{3} + \frac{1}{3}$	
$\frac{3}{4} \cdot \left(\frac{2}{5} : \frac{1}{3}\right) - \frac{8}{10}$	

	Ergebnis
A	0
B	$\frac{3}{4}$
C	$1\frac{3}{4}$
D	$1\frac{2}{15}$
E	6
F	$\frac{1}{10}$

3 Berechne. ✱✱

a) $\frac{1}{2} + \left(\frac{3}{4} \cdot \frac{2}{5} - \frac{1}{5}\right) : \frac{1}{6} =$

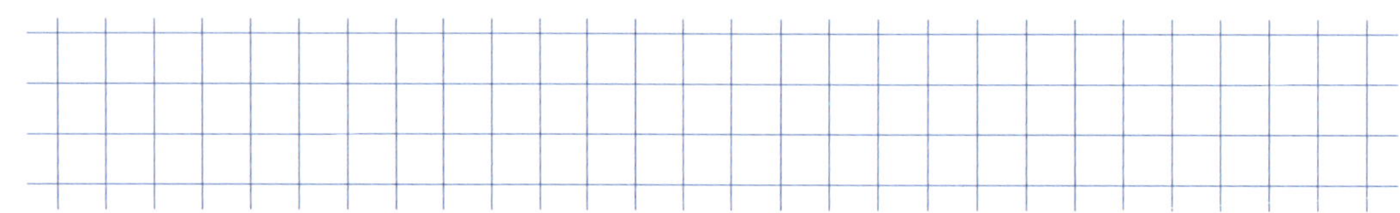

b) $\frac{2}{3} + \frac{1}{4} - \left(\frac{5}{6} \cdot \frac{1}{2} - \frac{1}{12}\right) =$

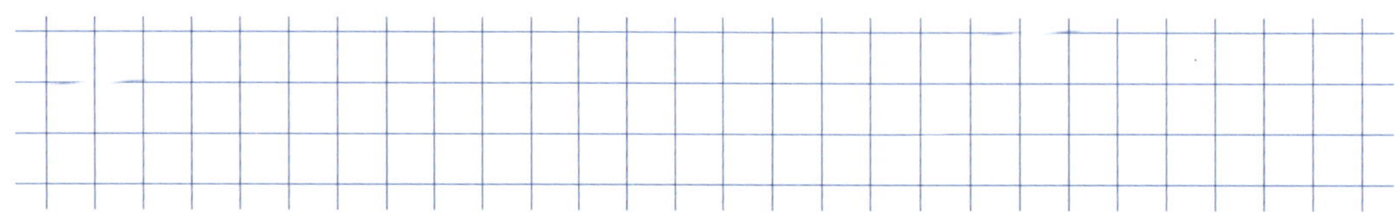

c) $\frac{3}{4} \cdot \frac{2}{5} : \left(\frac{1}{2} - \frac{1}{3}\right) =$

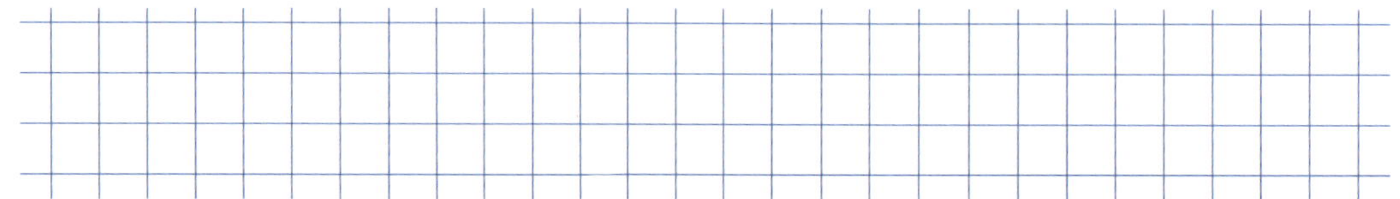

4 Berechne unter Beachtung der Vorrangregeln.

a) $\frac{3}{4} : \frac{5}{6} + \left(\frac{1}{2} - \frac{1}{5}\right) =$

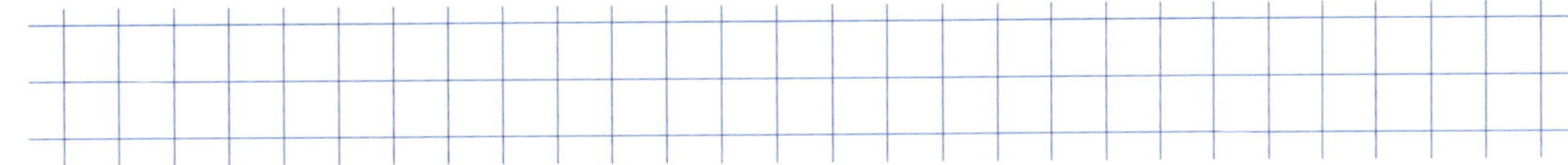

b) $\frac{4}{5} \cdot \left(\frac{1}{2} - \frac{1}{4}\right) : \frac{3}{7} =$

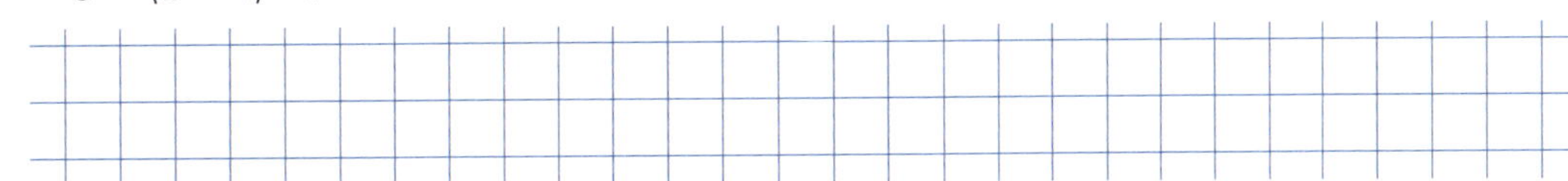

c) $5\frac{1}{2} - \frac{3}{4} \cdot \left(\frac{2}{3} : \frac{1}{4}\right) - \frac{1}{2} =$

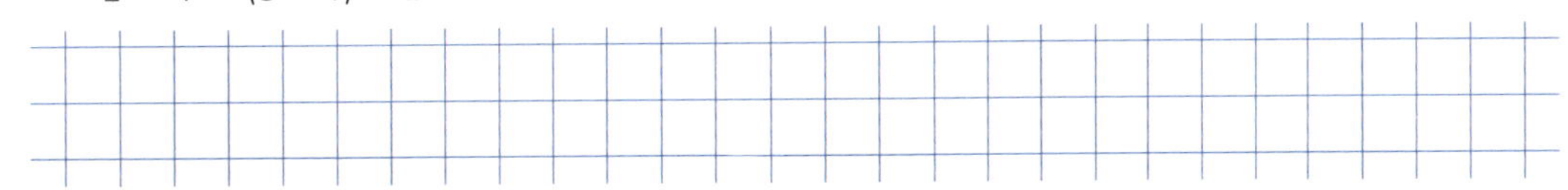

5 Schreibe den Text als Rechnung an und bestimme das Ergebnis.

a) Bilde das Produkt der Zahlen $\frac{3}{4}$ und $\frac{5}{4}$ und addiere die Summe der Zahlen $\frac{1}{4}$ und $\frac{3}{4}$.

b) Der Quotient der Zahlen $\frac{4}{5}$ und $\frac{3}{5}$ ist um das Produkt der Zahlen $\frac{2}{5}$ und $\frac{1}{5}$ zu verkleinern.

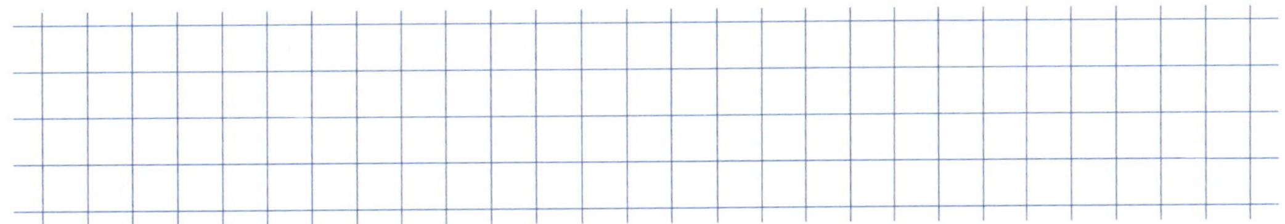

c) Die Summe der Zahlen $2\frac{2}{3}$ und $4\frac{1}{2}$ wird mit $1\frac{1}{6}$ multipliziert. Das Ergebnis wird um $\frac{1}{3}$ vermindert.

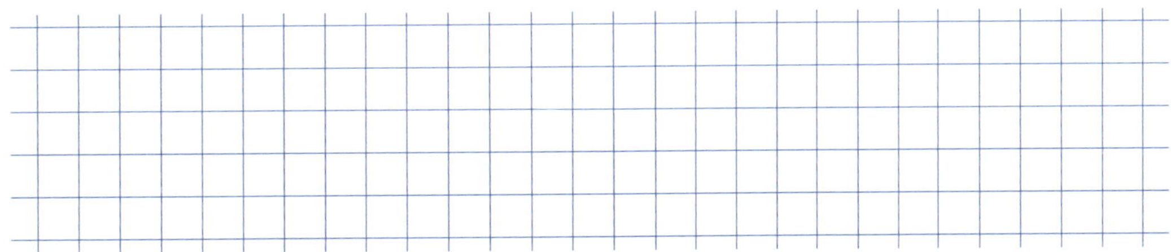

d) Die Differenz der Zahlen $12\frac{3}{4}$ und $\frac{1}{4}$ wird durch $3\frac{7}{8}$ dividiert und das Ergebnis um $\frac{4}{31}$ verkleinert.

A Anteile in Prozent angeben/graphische Darstellung

1 Schreibe den Prozentsatz als Dezimalzahl.

✱

a) 32% = ________ e) 120% = ________

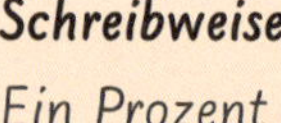

b) 12% = ________ f) 200% = ________

c) 9% = ________ g) 80% = ________

d) 2% = ________ h) 3% = ________

Schreibweise von Prozentsätzen
Ein Prozent ist ein Hundertstel des Ganzen, d.h.
$1\% = \frac{1}{100} = 0{,}01$

2 Schreibe den Prozentsatz als gekürzten Bruch.

✱

a) 40% = ________ e) 50% = ________

b) 20% = ________ f) 42% = ________

c) 10% = ________ g) 130% = ________

d) 4% = ________ h) 450% = ________

Prozentsätze über 100%
Prozentsätze, die größer als 100% sind, stellen mehr als ein Ganzes dar.

3 Ordne den Zahlendarstellungen in der linken Spalte die jeweils gleichwertige (äquivalente) Darstellung aus der rechten Spalte zu.

✱

a)

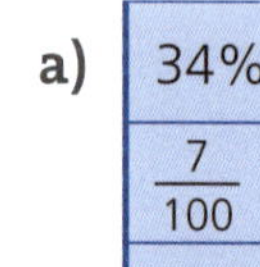

34%	
$\frac{7}{100}$	
0,06	
4%	

A	6%
B	0,7
C	$\frac{1}{25}$
D	0,004
E	$\frac{17}{50}$
F	0,07

b)

0,45	
80%	
$\frac{7}{50}$	
1,3	

A	0,8
B	130%
C	$\frac{9}{20}$
D	13%
E	0,2
F	14%

4 Stelle den Prozentsatz durch einen Prozentstreifen dar.

✱

a) 45%

b) 90%

c) 28%

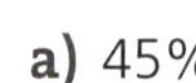

Graphische Darstellung von Prozenten
1) Prozentstreifen: 1 mm ≙ 1%
2) Prozentkreis: 3,6° ≙ 1%

5 Markiere den angegebenen Anteil der Fläche. Wie viel Prozent sind nicht markiert?

✱

a) 20% b) 35% c) 70% d) 25%

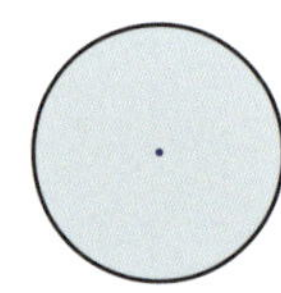

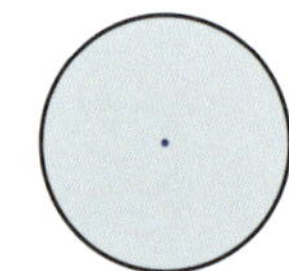

6 Stelle den Anteil (i) als Bruch, (ii) in Prozent dar.

a) 20 von 25 Kindern = ____________

b) 13 von 50 km = ____________

c) 2 von 20 m^2 = ____________

d) 38 von 100 mm^3 = ____________

e) 4 von 5 t = ____________

f) 1 von 2 Katzen = ____________

Anteile in Prozentdarstellung

- Erweitere die Bruchdarstellung so, dass im Nenner 100 steht.
  z.B. 7 von 20 : $\frac{7}{20} = \frac{35}{100} = 35\%$
- Lässt sich der Bruch nicht auf Hundertstel erweitern, ermittle durch Ausführen der Division die Dezimaldarstellung.
  z.B. 1 von 3 = $\frac{1}{3}$ = 1 : 3 = 0,333...
  = 33,3%

7 Stelle den Anteil (i) als Bruch, (ii) in Prozent dar.

a) 17 von 18 Personen = ____________

b) 2 von 9 ha = ____________

c) 13 von 30 m = ____________

d) 50 von 60 Kinokarten = ____________

e) 1 von 15 Löwen = ____________

8 In einer Schulklasse mit 30 Schülern sind 24 Jungen. Wie groß ist der prozentuelle Anteil der Jungen in der Klasse?

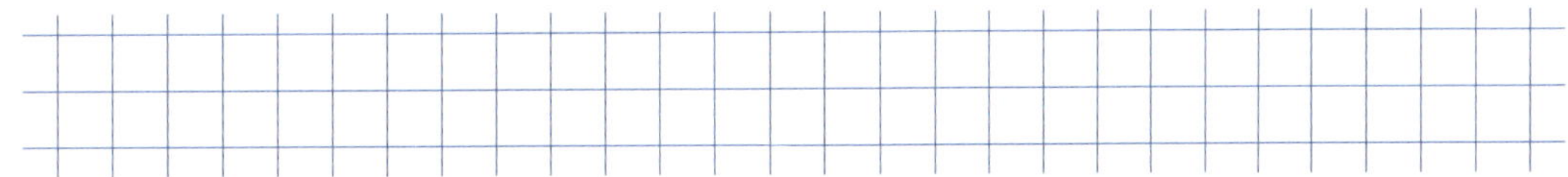

9 In einem Glas befinden sich 250 ml Saft aus Orangen und Mandarinen. 50 ml sind Orangensaft. Gib den Anteil des Mandarinensaftes in Prozent an.

10 Ein Unternehmen verkauft 500 Produkte im Monat. 75 dieser Produkte sind Laptops. Gib den Anteil der verkauften Laptops in Prozent an.

11 Ein Fußballteam hat in einer Saison 28 Spiele gespielt. Das Team hat sieben der Spiele verloren. Gib den Anteil der in der Saison gewonnenen Spiele in Prozent an.

B Prozentwert bestimmen / prozentuelle Änderungen

1 Gib den Grundwert G, den Prozentwert W und den Prozentsatz an.

*

a) Eine Restaurantrechnung beträgt 150 Euro. Der Kellner erwartet üblicherweise ein Trinkgeld von 10%. Herr Mayer gibt 15 € Trinkgeld.

$G =$ ________ $W =$ ________

$p\% =$ ________

Größen der Prozentrechnung
G … Grundwert
W … Prozentwert
p … Prozentsatz
z.B. 3 Euro (W) sind 10% (p%) von 30 Euro (G)

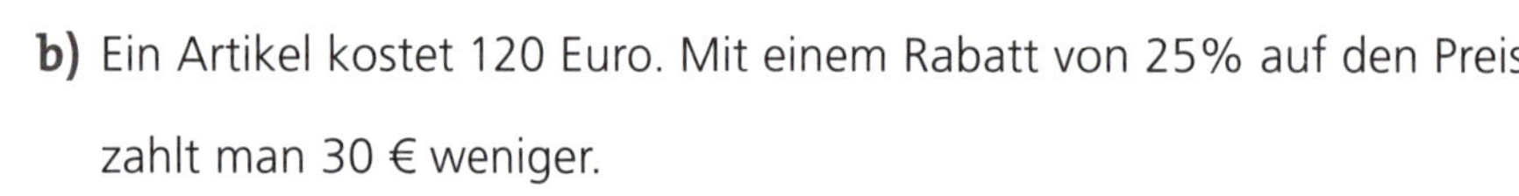

b) Ein Artikel kostet 120 Euro. Mit einem Rabatt von 25% auf den Preis zahlt man 30 € weniger.

$G =$ ________ $W =$ ________ $p\% =$ ________

c) Die Bevölkerung einer Stadt beträgt 50 000 Menschen. Im letzten Jahr ist die Bevölkerung um 8% gewachsen, das sind 4 000 Personen.

$G =$ ________ $W =$ ________ $p\% =$ ________

d) Der Preis eines Produkts beträgt 80 Euro. Nach einer Preisreduktion zahlt man nur mehr 68 Euro, das sind 85% des alten Preises.

$G =$ ________ $W =$ ________ $p\% =$ ________

2 Berechne den Prozentwert W.

Berechnung des Prozentwerts W
$W = G \cdot p\% = G \cdot \frac{p}{100}$

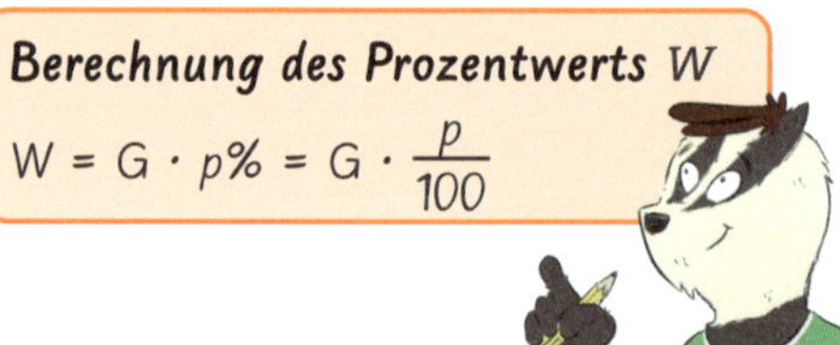

a) Ein Gemüsebeet besteht aus 120 Pflanzen, davon sind 15% Tomaten. Wie viele Tomatenpflanzen gibt es?

b) In einem Gemisch aus 500 ml Saft sind 20% Orangensaft. Wie viel Milliliter Orangensaft sind im Gemisch enthalten?

c) Ein Unternehmen hat 800 Mitarbeiter, davon sind 25% im Vertrieb tätig. Wie viele Mitarbeiter arbeiten im Vertrieb?

d) In einer Schachtel mit 60 Bonbons sind 45% Kirschgeschmack. Wie viele Bonbons haben Kirschgeschmack?

e) In einer Klasse mit 40 Schülern sind 70% Mädchen. Wie viele Mädchen und Burschen sind in der Klasse?

f) Sarah hat ursprünglich 500 € auf ihrem Sparkonto. Sie entscheidet sich, 30% davon zu spenden und den Rest zu behalten.Wie viel Euro spendet sie und wie viel behält sie auf ihrem Konto?

3 ✱ Gib für die prozentuelle Zunahme um den gegebenen Prozentsatz den Wachstumsfaktor an.

a) 2% ________ c) 32% ________

b) 11% ________ d) 76% ________

Zunahme-/Abnahmefaktor

Wachstum um p%

Wachstumsfaktor = $1 + \frac{p}{100}$

z.B p% = 2% → $1 + \frac{2}{100} = 1{,}02$

Abnahme um p%

Abnahmefaktor = $1 - \frac{p}{100}$

z.B. p% = 12% → $1 - \frac{12}{100} = 0{,}88$

4 ✱ Gib für die prozentuelle Abnahme um den gegebenen Prozentsatz den Abnahmefaktor an.

a) 13% ________ c) 52% ________

b) 40% ________ d) 90% ________

5 ✱✱ Berechne den neuen Preis.

a) alter Preis: 80 € Erhöhung um 10% neuer Preis: 80 · 1,10 = ________

b) alter Preis: 120 € Erhöhung um 20% neuer Preis: ________

c) alter Preis: 310 € Erhöhung um 15% neuer Preis: ________

6 ✱✱ Berechne den neuen Preis.

a) alter Preis: 56 € Senkung um 5% neuer Preis: 56 · 0,95 = ________

b) alter Preis: 400 € Senkung um 25% neuer Preis: ________

c) alter Preis: 125 € Senkung um 40% neuer Preis: ________

7 ✱✱ Ein Artikel kostet 150 Euro exklusive 20% Mehrwertsteuer (Nettopreis). Wie hoch ist der Bruttopreis (Preis inklusive Mehrwertsteuer) des Artikels.

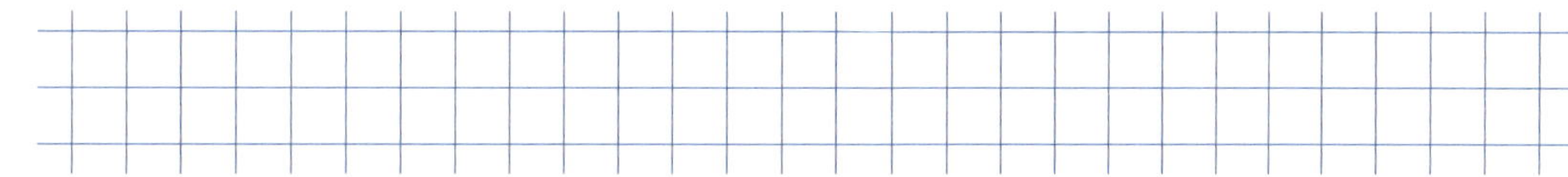

8 ✱✱ Ein Angestellter erhält eine Gehaltserhöhung von 8%. Wenn sein vorheriges Gehalt 2000 Euro betrug, wie hoch ist sein neues Gehalt?

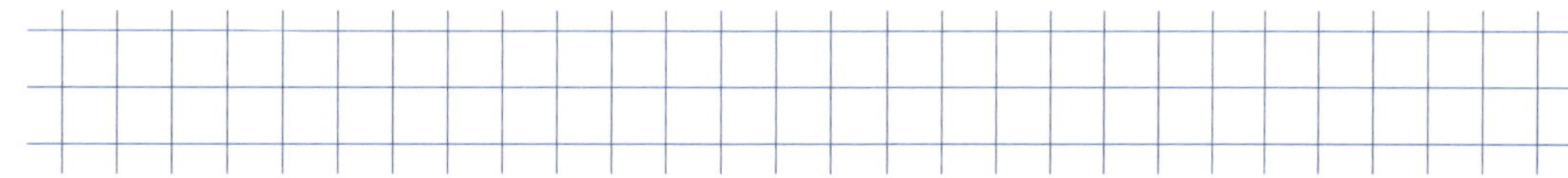

9 ✱✱✱ Ein Fernseher kostet 500 Euro. Der Preis wird zuerst um 5% reduziert, der verbilligte Preis wird noch einmal um 10% reduziert.

a) Berechne den Preis nach den beiden Preisreduktionen.

b) Erika behauptet, dass man denselben Endpreis durch eine Reduktion des Preises von 500 Euro um 15% erhält. Stimmt das? Begründe deine Entscheidung.

C Grundwert bestimmen

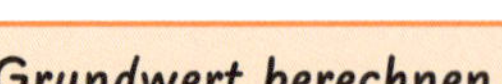

Grundwert berechnen
Kennt man den Prozentsatz p% und den diesem Prozentsatz entsprechenden Prozentwert W gilt für die Grundwert G:

$$G = W : \frac{p}{100}$$

1 ✱ Berechne den Wert für x.

a) 9 € sind 20% von x = ______________ €

b) 36 kg sind 30% von x = ______________ kg

c) 840 km sind 60% von x = ______________ km

d) 45 ha sind 90% von x = ______________ ha

2 ✱ Frau Huber erhält bei der Wahl zur Vorsitzenden des Sportvereins 200 Stimmen. Dies sind 80% aller Stimmen. Wie viele Stimmen wurden insgesamt abgegeben? Kreuze die zutreffende Antwort an.

☐	☐	☐	☐	☐
50	200	150	350	250

3 ✱ Herbert hat in diesem Monat 15 Euro seines Taschengeldes ausgegeben. Dies sind 20% seines monatlichen Taschengeldes. Wie viel Geld bekommt er jeden Monat? Kreuze die zutreffende Antwort an.

☐	☐	☐	☐	☐
60 €	85 €	75 €	50 €	80 €

4 ✱✱ Ergänze den Text so, dass eine mathematisch richtige Aussage entsteht.
Ein Babyelefant wiegt bei der Geburt 100 kg. Das sind ________ (1) des Gewichts eins ausgewachsenen Elefanten, der ________ (2) wiegt.

(1)	
5%	☐
2%	☐
4%	☐

(2)	
3 500 kg	☐
3 000 kg	☐
5 000 kg	☐

5 ✱✱ Berechne den fehlenden Wert.

a) 18 kg sind 12% von welcher Masse?

b) Frau Müller zahlt 5 760 € für ein Auto an. Das sind 18% der Gesamtsumme. Wie teuer ist das Auto?

c) Wie viel kostet das Hotelzimmer pro Tag, wenn es um 15 € (das sind 15% des ursprünglichen Preises) verbilligt ist.

6 *
Nach einer Preisreduktion um 18% zahlt man noch wie viel Prozent des alten Preises? Kreuze die beiden passenden Aussagen an.

☐	☐	☐	☐	☐
80%	18% – 100%	82%	18%	100% – 18%

7 *
Nach einer Preiserhöhung um 30% zahlt man wie viel Prozent des alten Preises? Kreuze die beiden passenden Aussagen an.

☐	☐	☐	☐	☐
30%	70%	100% + 30%	103%	130%

8 **
Ein Geschäftsinhaber verkauft sein Produkt mit einem Gewinn von 25%. Wenn der Verkaufspreis 500 Euro beträgt, wie hoch ist der Einkaufspreis?

9 **
Der Preis eines Haushaltsgeräts wird um 15% reduziert. Der neue Preis beträgt 85 Euro. Wie viel betrug der ursprüngliche Preis?

10 **
Berechne den Nettopreis (= Preis ohne Mehrwertsteuer).

a) Bruttopreis inklusive 20% MwSt. = 586,80 € Nettopreis: ______________

b) Bruttopreis inklusive 10% MwSt. = 979 € Nettopreis: ______________

11 ***
Der Preis einer Ware beträgt nach den in der linken Spalte beschriebenen Änderungen 220 Euro. Ordne den Änderungen den jeweiligen Ausgangspreis in der rechten Spalte zu.

Änderung	
Senkung um 20%	
Erhöhung auf 110%	
Senkung auf 40%	
Erhöhung um 60%	

	Ausgangspreis
A	200 €
B	500 €
C	137,50 €
D	220 €
E	275 €
F	550 €

D Promille

1 Schreibe den Promillesatz als Dezimalzahl. ✱

a) 300‰ = __________ **e)** 8‰ = __________

b) 80‰ = __________ **f)** 7 500‰ = __________

c) 550‰ = __________ **g)** 1‰ = __________

d) 1 000‰ = __________ **h)** 450‰ = __________

Schreibweise von Promillesätzen

Ein Promille ist ein Tausendstel des Ganzen, d.h.

$1‰ = \frac{1}{1000} = 0{,}001$

2 Schreibe den Promillesatz als gekürzten Bruch. ✱

a) 500‰ = __________ **e)** 3 000‰ = __________

b) 250‰ = __________ **f)** 1 200‰ = __________

c) 480‰ = __________ **g)** 8 500‰ = __________

d) 300‰ = __________ **h)** 9 900‰ = __________

Promillesätze über 1000‰

Promillesätze, die größer als 1000‰ sind, stellen mehr als ein Ganzes dar.

3 Kreuze die Aussagen an, die 4 500‰ entsprechen. ✱

☐	☐	☐	☐	☐
$\frac{2}{9}$	4,5	$\frac{9}{2}$	$\frac{1000}{4500}$	$\frac{4500}{1000}$

4 Stelle den Anteil in Promille dar. ✱

a) 500 a von 20 000 a = ______________________________

b) 8 000 mm von 100 000 mm = ______________________________

c) 10 € von 2 000 € = ______________________________

d) 2 100 dm² von 300 000 dm² = ______________________________

5 Berechne. ✱

a) 18‰ von 23 000 km² = ______________________________

b) 150‰ von 6 000 € = ______________________________

c) 400‰ von 3 500 m = ______________________________

d) 8‰ von 450 m³ = ______________________________

e) 700‰ von 1 800 dm³ = ______________________________

f) 200‰ von 4 400 € = ______________________________

g) 2‰ von 850 000 m² = ______________________________

h) 230‰ von 80 000 ha = ______________________________

6 Ein Desinfektionsmittel besteht zu 70 Promille aus Alkohol. Wie viel Alkohol enthält eine 500 ml-Flasche dieses Desinfektionsmittels in Millilitern?

7 Ein Unternehmen machte im vergangenen Quartal einen Verlust von 30 Promille des Umsatzes. Wenn der Umsatz 500 000 Euro betrug, wie hoch war der Verlust?

8 Der Koffeingehalt in einem Energy-Drink beträgt 8 Promille. Wie viel ml Koffein enthält eine Dose mit 250 ml?

9 Ergänze den Text so, dass eine mathematisch richtige Aussage entsteht.
In einer Chemikalie beträgt der Anteil eines Stoffes 3,6 Promille.
Daher befinden sich in einem Behälter mit __________ (1) Chemikalie __________ (2) dieses Stoffes.

(1)	
300 g	☐
450 g	☐
500 g	☐

(2)	
1,8 g	☐
2,0 g	☐
2,2 g	☐

10 Ein Medikament enthält 5 Promille Wirkstoff. In einer Tablette sind 0,1 mg Wirkstoff. Berechne, wie viel Milligramm eine Tablette wiegt.

11 Der Schwefelgehalt in einem bestimmten Erdgas beträgt 2 Promille. In wie viel m^3 Erdgas sind 2 m^3 Schwefel enthalten?

6 Geometrische Grundbegriffe

A Punkt, Strecke, Strahl, Gerade

1 Gib an, ob eine Strecke, ein Strahl oder eine Gerade dargestellt ist.

Gerade Linien
- Strecke: hat einen Anfangs- und einen Endpunkt
- Strahl: hat einen Anfangspunkt, aber keinen Endpunkt
- Gerade: hat weder einen Anfangs- noch einen Endpunkt

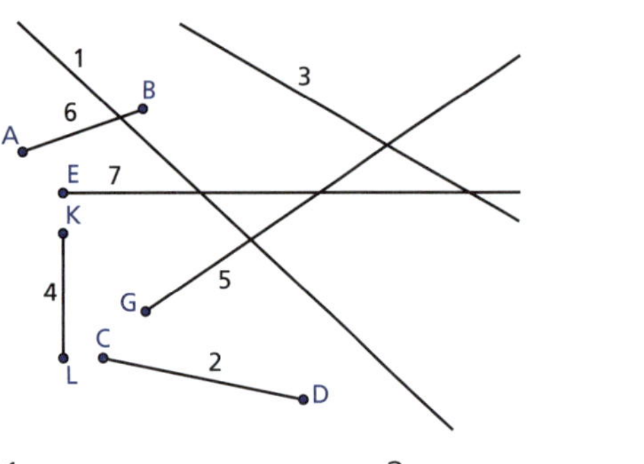

1: ______ 2: ______ 3: ______ 4: ______

5: ______ 6: ______ 7: ______

2 Zeichne die Strecke mit der gegebenen Länge.

a) $\overline{AB} = 4{,}5$ cm **b)** $\overline{XY} = 2$ cm 5 mm **c)** $\overline{EF} = 33$ mm

3 Zeichne drei Geraden g_1, g_2 und g_3, die sich in einem Punkt S schneiden.

4 Zeichne einen Punkt P und eine Gerade g. P liegt nicht auf g. Zeichne durch den Punkt P eine Gerade h, die senkrecht auf die Gerade g steht.

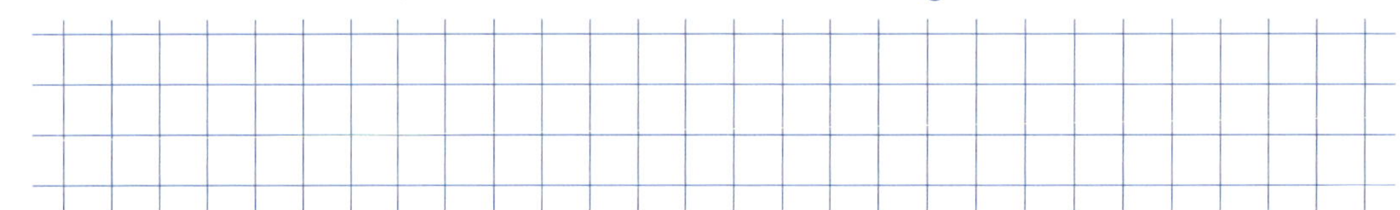

5 Zeichne zwei Geraden p_1 und p_2, die zueinander parallel sind. Zeichne zwei Geraden g_1 und g_2, die mit den Geraden p_1 und p_2 einen rechten Winkel einschließen. Wie liegen die Geraden g_1 und g_2 zueinander?

6 ✱

(1) Zeichne eine Strecke mit dem Anfangspunkt *C* und dem Endpunkt *D* und benenne sie mit *a*. (2) Zeichne eine Gerade *h* durch die Punkte *A* und B.
(3) Zeichne durch den Punkt *C* eine Senkrechte auf die Gerade durch *A* und B.

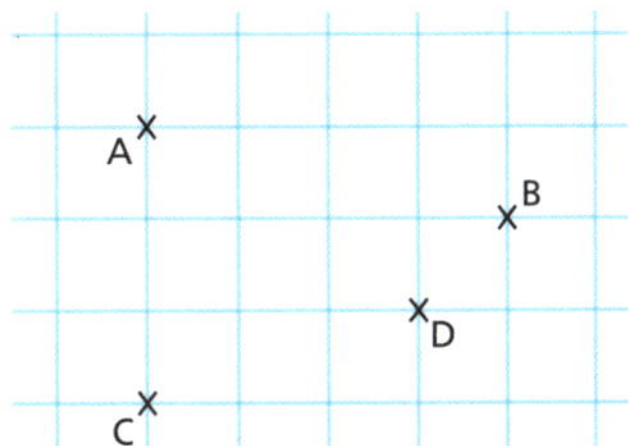

7 ✱

Kreuze die zutreffenden Aussagen bezüglich der dargestellten geraden Linien an.

Aussage	
1 ist eine Strecke.	☐
2 ist ein Strahl.	☐
3 ist eine Gerade.	☐
4 ist ein Strahl.	☐
5 ist eine Strecke.	☐
6 ist eine Strecke.	☐
7 ist ein Strahl.	☐

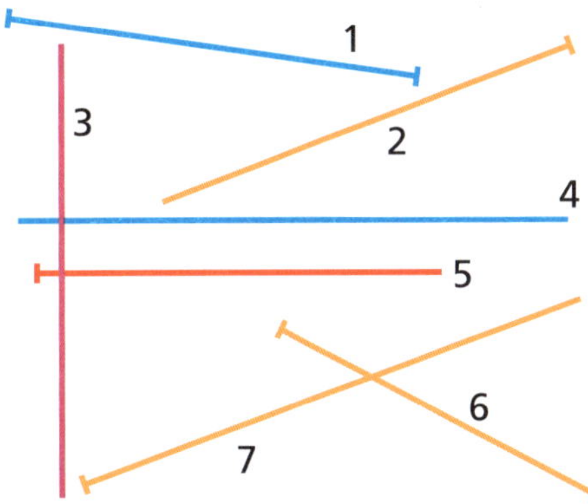

8 ✱

Führe die Zeichenanweisungen aus.

a) Zeichne alle Strecken, die den Punkt *A* mit allen anderen Punkten verbinden.

b) Zeichne von *B* aus alle Strahlen, die durch einen der anderen Punkte verlaufen.

c) Zeichne alle Geraden, die durch *C* und einen der anderen Punkte verlaufen.

A

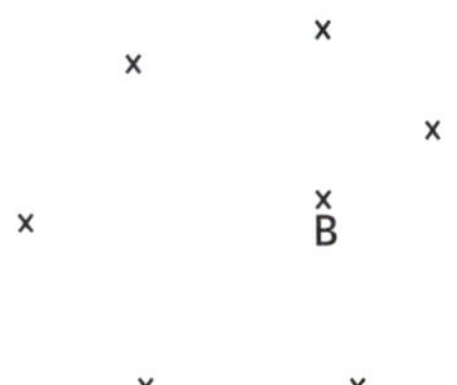

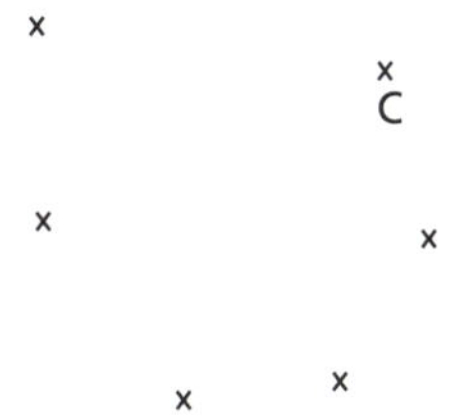

9 ✱

Zeichne mit den gegebenen Strecken einen offenen Streckenzug und gib die Gesamtlänge *L* an.
$a = 2$ cm, $b = 5$ cm und $c = 3{,}5$ cm

10 ✱

Zeichne mit fünf beliebigen Strecken einen geschlossenen Streckenzug.

B Winkel / Winkelmaße / Winkelpaare

Winkelarten

Gegeben ist der Winkel α.
0° < α < 90° ... spitzer Winkel
90° < α < 180° ... stumpfer Winkel
180° < α < 360° ... erhabener Winkel
90° ... rechter Winkel
180° ... gestreckter Winkel
360° ... voller Winkel

1 Gib die Art des Winkels an.

a) 12° ____________

b) 154° ____________

c) 180° ____________

d) 280° ____________

e) 90° ____________

f) 1° ____________

g) 360° ____________

2 Kreuze die zutreffenden Aussagen an.

Ein Winkel, der zwischen 270° und 360° liegt, heißt erhabener Winkel.	☐
Ein rechter Winkel hat ein Maß über 90°.	☐
Ein gestreckter Winkel hat ein Maß von 180°.	☐
Liegt ein Winkel zwischen 180° und 360°, wird er als stumpf bezeichnet.	☐
Ein spitzer Winkel liegt zwischen 0° und 90°.	☐

3 Gib die Größe des Winkels und die Winkelart an.

a) 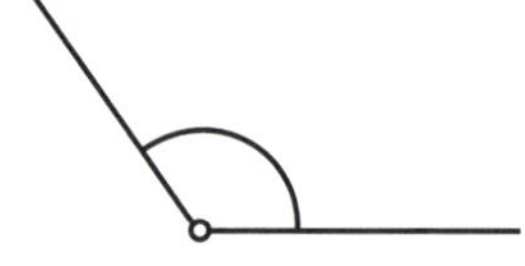

c) 

e) 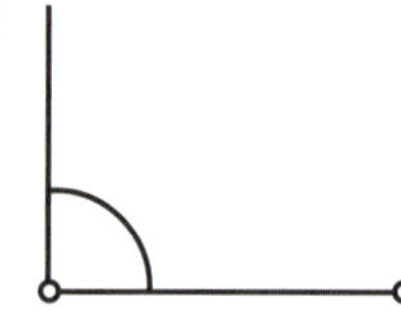

b) 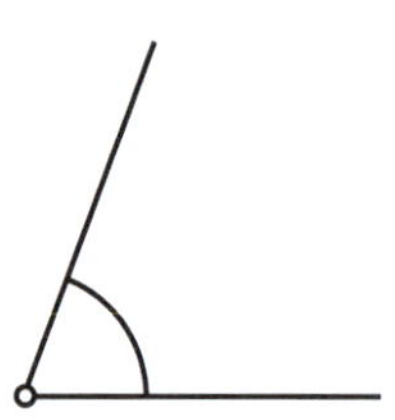

d) 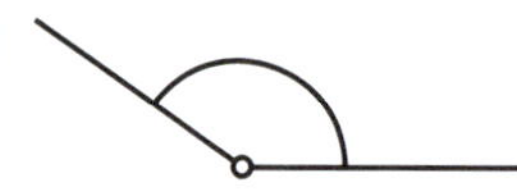

f) 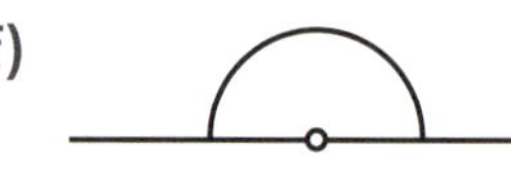

4 Zeichne den angegebenen Winkel.

a) $\alpha = 35°$ **b)** $\beta = 72°$ **c)** $\gamma = 150°$

5 Zeichne den angegebenen erhabenen Winkel.

a) $\alpha = 230°$ b) $\beta = 270°$ c) $\gamma = 300°$

Erhabene Winkel zeichnen
- Subtrahiere den erhabenen Winkel von 360°.
- Zeichne den spitzen bzw. stumpfen Winkel.
- Zeichne den Winkelbogen des erhabenen Winkels.

6 Gib den zum gegebenen Winkel komplementären Winkel an.

a) 45° b) 10° c) 89° d) 33°

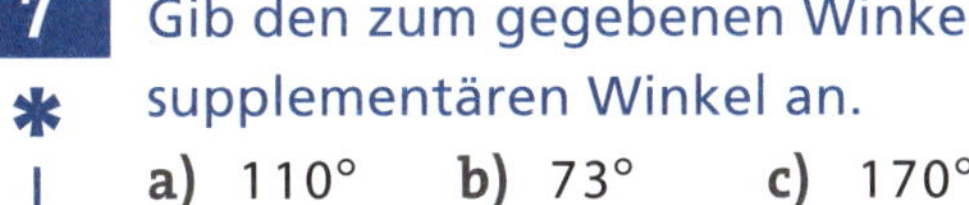

7 Gib den zum gegebenen Winkel supplementären Winkel an.

a) 110° b) 73° c) 170° d) 45°

Komplementäre und supplementäre Winkel
- komplementäre Winkel ergänzen einander auf 90°.
- supplementäre Winkel ergänzen einander auf 180°.

8 Bestimme die Maße der nicht angegebenen Winkel.

a)

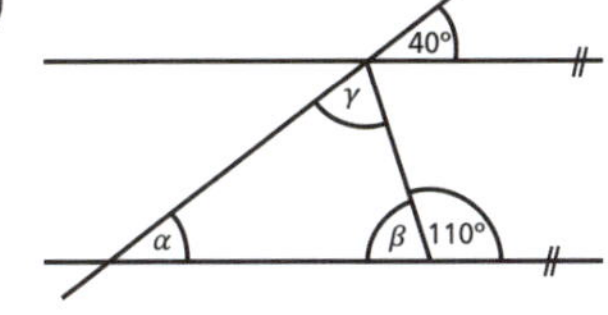

b)

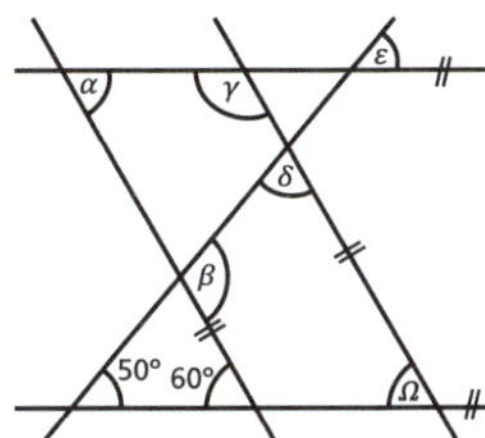

Parallelwinkel
- Parallelwinkel haben parallele Schenkel.
- Parallelwinkel sind gleich groß oder supplementär

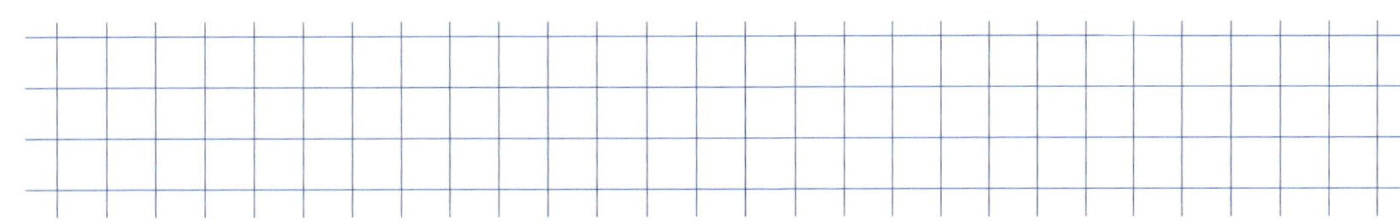

9 Bestimme die Maße der nicht angegebenen Winkel.

a)

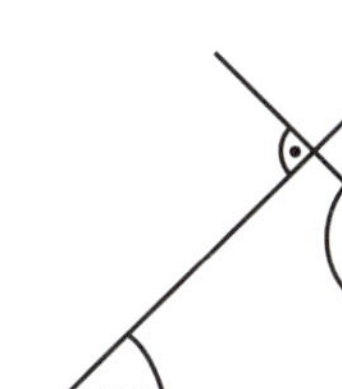

b)

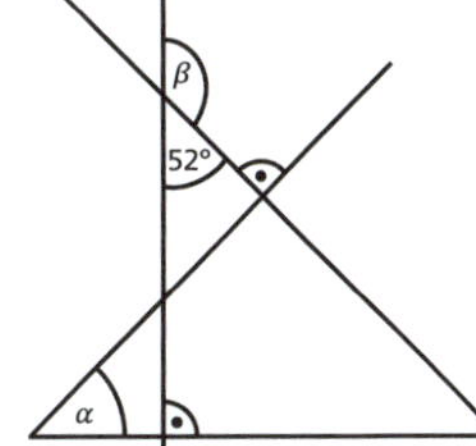

Normalwinkel
- Normalwinkel haben normale Schenkel.
- Normalwinkel sind gleich groß oder supplementär

C Das Koordinatensystem

1 Lies die Koordinaten der Punkte ab.

✱ a)

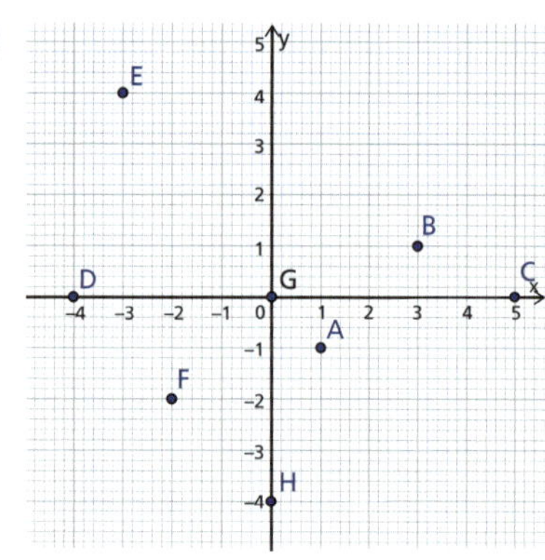

b)

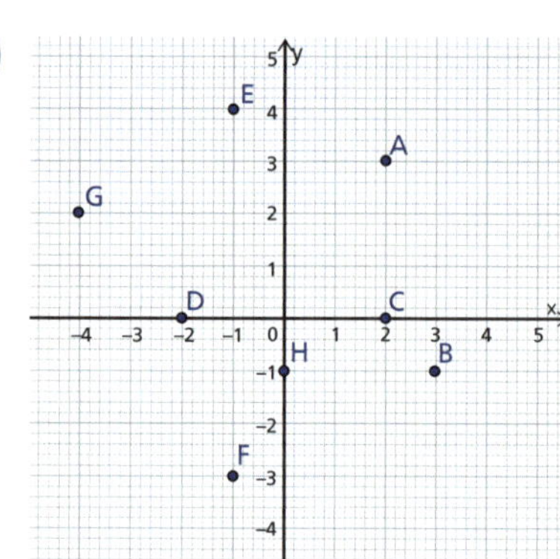

a) $A = (\ \mid\ )$, $B = (\ \mid\ )$, $C = (\ \mid\ )$, $D = (\ \mid\ )$, $E = (\ \mid\ )$, $F = (\ \mid\ )$, $G = (\ \mid\ )$, $H = (\ \mid\ )$

b) $A = (\ \mid\ )$, $B = (\ \mid\ )$, $C = (\ \mid\ )$, $D = (\ \mid\ )$, $E = (\ \mid\ )$, $F = (\ \mid\ )$, $G = (\ \mid\ )$, $H = (\ \mid\ )$

2 Zeichne die Punkte in das Koordinatensystem ein.

✱

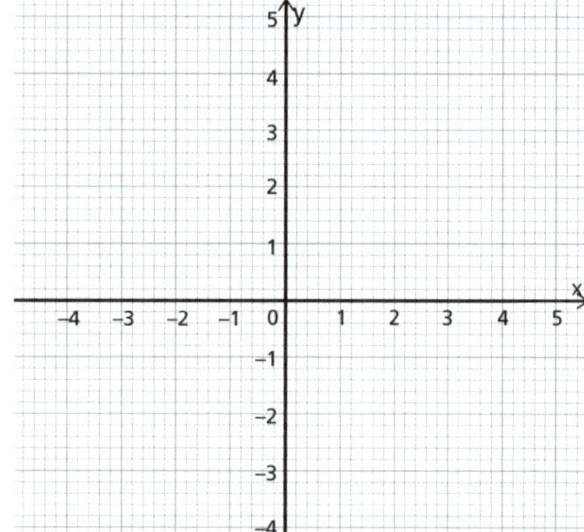

Punkte ablesen bzw. einzeichnen

- Die 1. Koordinate (x-Koordinate) gibt an, wie viele Einheiten man vom Ursprung aus nach links (negative Koordinate) oder nach rechts (positive Koordinate) gehen muss.
- Die 2. Koordinate (y-Koordinate) gibt an, wie weit man danach noch senkrecht nach oben (positive Koordinate) bzw. nach unten (negative Koordinate) gehen muss.

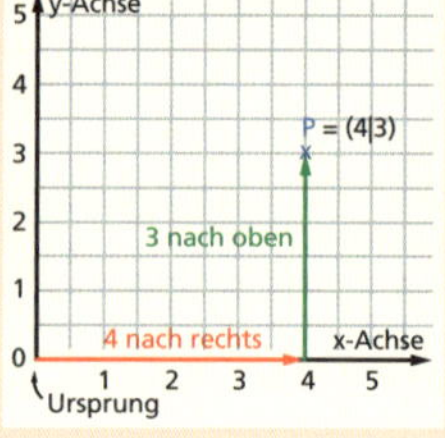

$A = (-4 \mid 0)$, $B = (4 \mid 0)$, $C = (-2 \mid 1)$, $D = (5 \mid 3)$
$E = (0 \mid 0)$, $F = (0 \mid -1)$, $G = (4 \mid -4)$, $H = (-2 \mid -3)$

3 Kreuze an, ob die Aussage richtig oder falsch ist.

✱

	richtig	falsch
Die x-Koordinate von F ist -3.	☐	☐
Die y-Koordinate von A ist 3.	☐	☐
Die y-Koordinaten von A und C sind 0.	☐	☐
Der Punkt B hat die Koordinaten $(2 \mid 0)$.	☐	☐

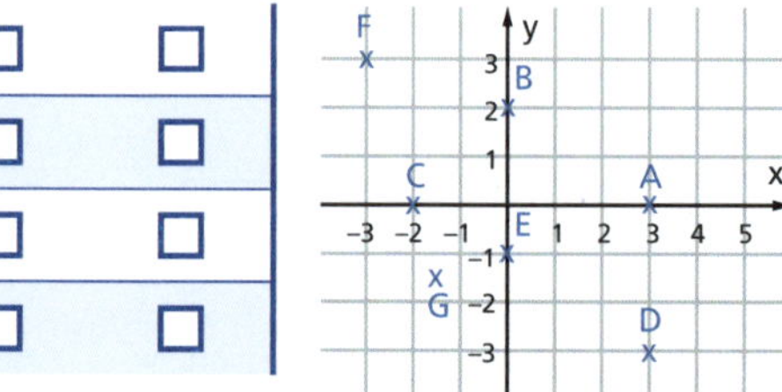

4 ✱

Zeichne die Punkte $A = (-4 \mid 1)$, $B = (-2 \mid -1)$, $C = (4 \mid -1)$, $D = (4 \mid 1)$, $E = (2 \mid 1)$, $F = (2 \mid 2)$, $G = (0 \mid 2)$, $H = (0 \mid 1)$ in das Koordinatensystem und verbinde sie der Reihe nach zu einem geschlossenen Streckenzug. Welche Figur entsteht?

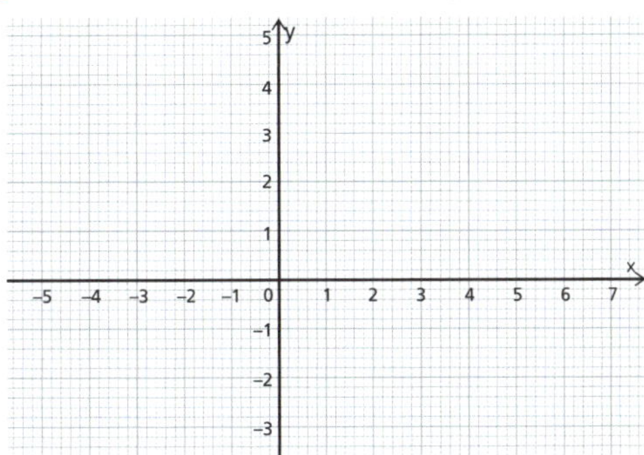

5 ✱✱

Ordne jedem Punkt die passende Lage zu.

Punkt	
(0 | – 3)	
(– 2 | – 5)	
(4 | – 1)	
(– 3 | 0)	

	Lage
A	x-Achse
B	y-Achse
C	1. Quadrant
D	2. Quadrant
E	3. Quadrant
F	4. Quadrant

Quadranten

Die Koordinatenachsen begrenzen vier Quadranten:

y
II. Quadrant | I. Quadrant
x
III. Quadrant | IV. Quadrant

6 ✱✱

Kreuze die zutreffenden Aussagen an.

Aussage	
Der Punkt (– 3 | – 1) liegt im 4. Quadranten.	☐
Der Ursprung liegt in keinem der vier Quadranten.	☐
Ein Punkt mit einer negativen y-Koordinate kann im 3. oder 4. Quadranten bzw. auf der y-Achse liegen.	☐
Punkte mit der y-Koordinate 0 liegen alle auf der x-Achse.	☐
Der Punkt (3 | 1) liegt im 2. Quadranten.	☐

7 ✱✱

Beantworte die Fragen.

Was haben alle Punkte, die (i) auf der x-Achse, (ii) auf der y-Achse liegen, gemeinsam?

D Symmetrie

1 * Zeichne alle Symmetrieachsen ein.

a) 

c) 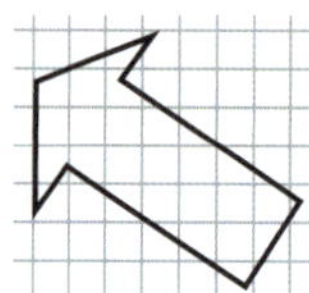

b) 

d) 

Symmetrische Figuren

Symmetrische Figuren haben zumindest eine Symmetrieachse.

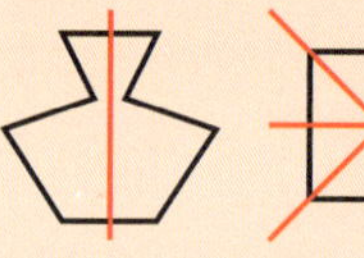

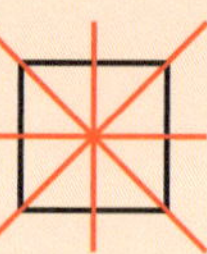

2 * Ergänze zu einer symmetrischen Figur.

a) 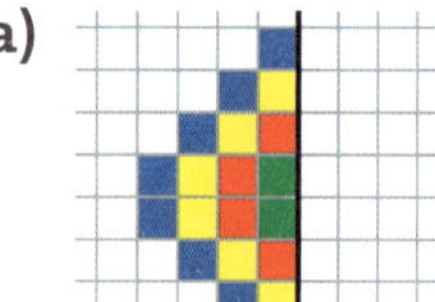

b) 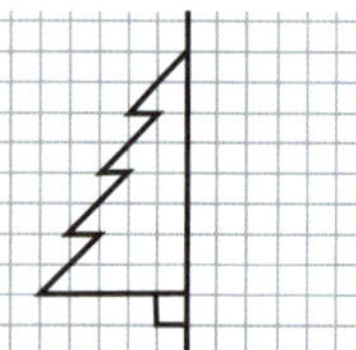

c) 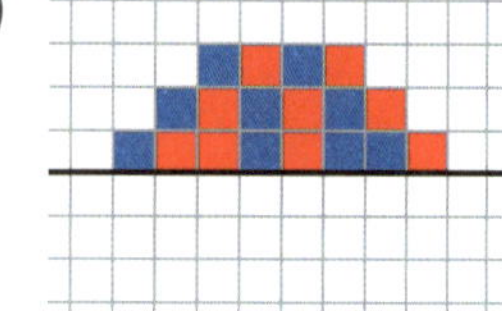

3 ** Ergänze symmetrisch.

a) 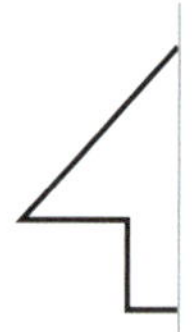

c) 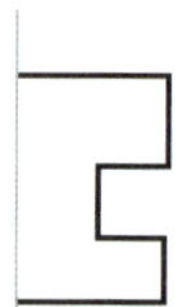

e) 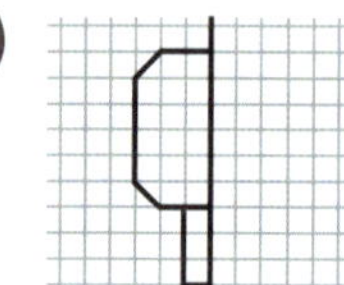

b) 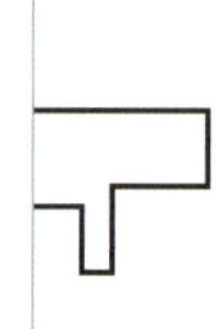

d) 

f) 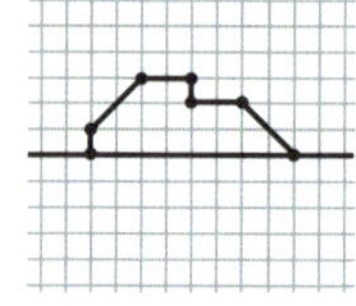

4 *** Wie viele Symmetrieachsen hat ein Kreis? Begründe deine Entscheidung.

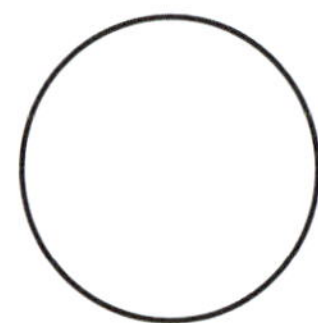

5 ✱✱ Spiegle die Punkte an der Geraden *f*. Gib die Koordinaten der gespiegelten Punkte A', B', C', D', C' und E' an.

> ***Symmetrisch liegende Punkte***
> *Verbindet man zwei symmetrisch liegende Punkte, ist die Verbindungsstrecke normal (senkrecht) zur Symmetrieachse.*

a)

b)

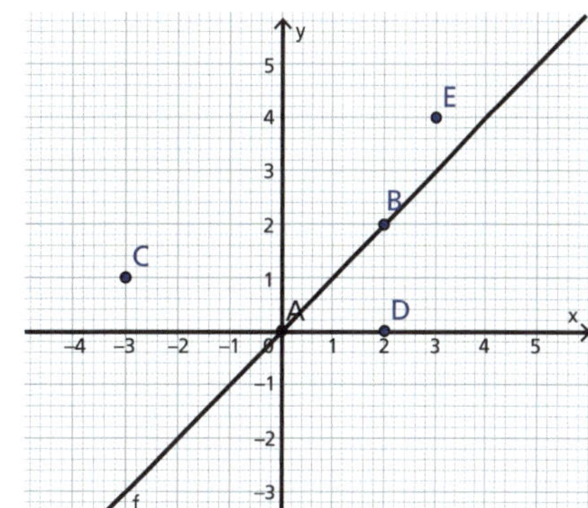

6 ✱✱ Spiegle die Figur an der gegebenen Symmetrieachse und gib die Koordinaten der gespiegelten Punkte an.

a)

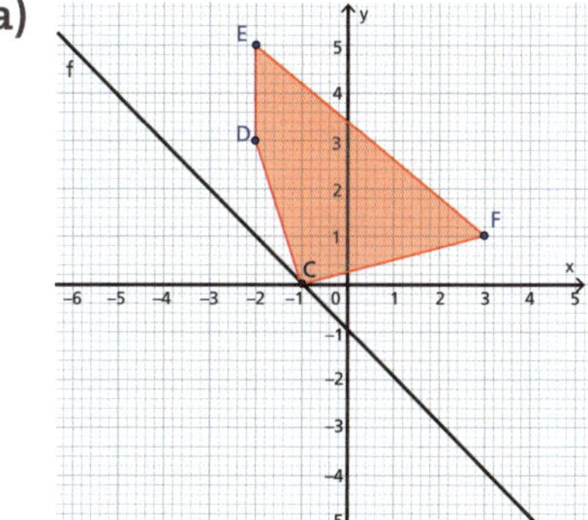

b)

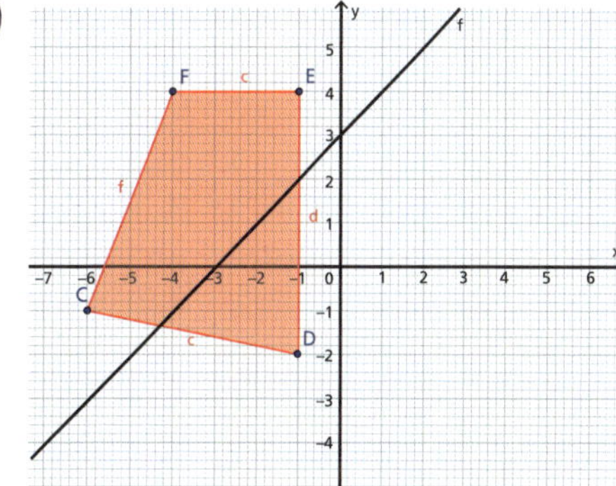

7 ✱✱ Zeichne die Punkte $A = (-4 \mid 3)$, $B = (2 \mid -1)$ und $C = (-5 \mid -2)$ in das Koordinatensystem und spiegle sie an der (1) *x*-Achse, (2) *y*-Achse. Beschreibe, wie sich die Koordinaten ändern.

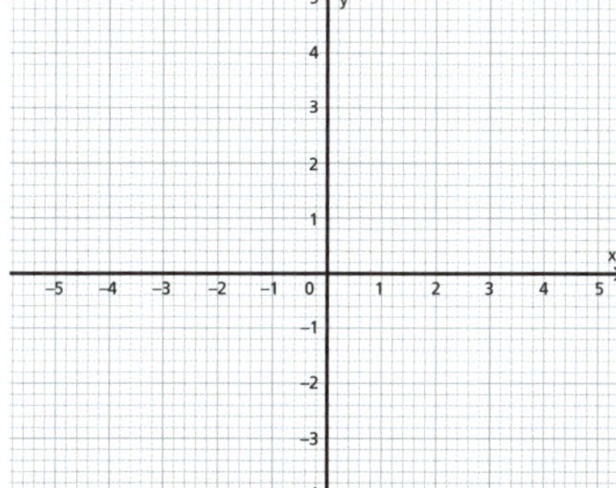

6 Geometrische Grundbegriffe

E Streckensymmetrale und Winkelsymmetrale

1 Zeichne die Strecke und konstruiere die Streckensymmetrale.

✱

a) $\overline{AB} = 3{,}2$ cm

c) $e = 2{,}8$ cm

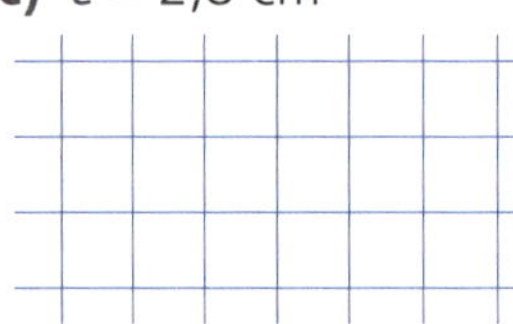

b) $a = 3$ cm

d) $\overline{CD} = 48$ mm

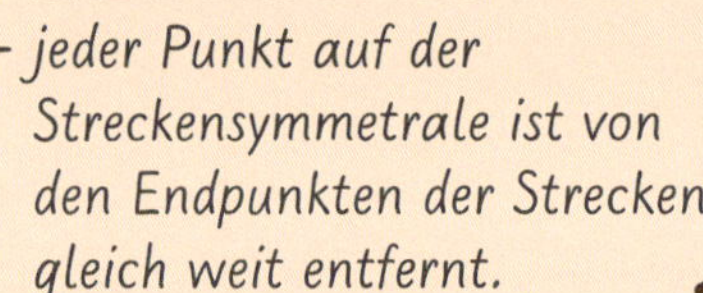

Streckensymmetrale

- *die Streckensymmetrale halbiert die Strecke.*
- *jeder Punkt auf der Streckensymmetrale ist von den Endpunkten der Strecken gleich weit entfernt.*

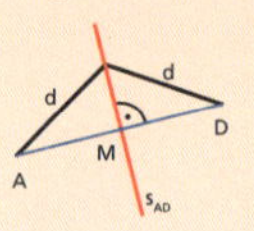

2 Zeichne die Strecken mit den angegebenen Endpunkten in ein Koordinatensystem, konstruiere die Streckensymmetrale und gib die Koordinaten des Mittelpunkts M an.

✱

a) $A = (2 \mid 3)$, $B = (6 \mid 5)$

b) $A = (-3 \mid -1)$, $B = (5 \mid 5)$

c) $A = (-5 \mid 2)$, $B = (3 \mid -4)$

d) $A = (1 \mid 4)$, $B = (1 \mid -4)$

3 Zeichne die Stecken $\overline{AB}$ und $\overline{BC}$. Konstruiere den Punkt P, der von Endpunkten beider Strecken den gleichen Abstand d hat. Gib die Koordinaten von P an.

✱✱

a) $A = (-3 \mid 1)$, $B = (5 \mid -3)$, $C = (0 \mid 4)$

b) $A = (-2 \mid -1)$, $B = (3 \mid -1)$, $C = (2 \mid 3)$

c) $A = (-1 \mid -1)$, $B = (3 \mid 0)$, $C = (-4 \mid 3)$

d) $A = (-5 \mid -1)$, $B = (3 \mid -1)$, $C = (1 \mid 4)$

4 Gib die zwei Abbildungen an, in denen keine Streckensymmetrale eingezeichnet ist. Begründe, warum es sich um keine Streckensymmetrale handelt.

✱✱

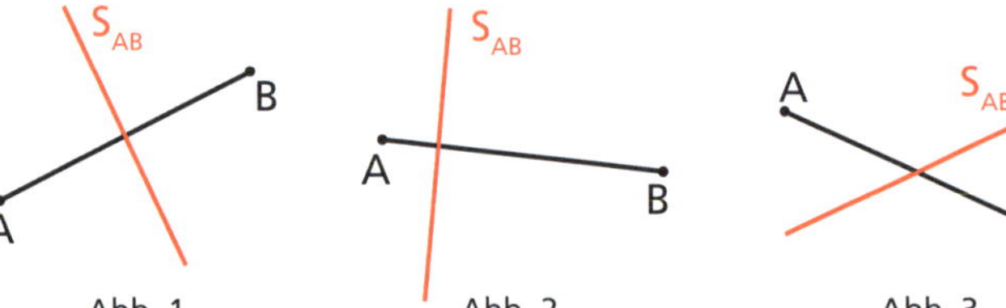

Abb. 1 Abb. 2 Abb. 3

5 Kreuze die richtigen Aussagen an.

✱✱

Die Streckensymmetrale halbiert die Strecke.	☐
Die Streckensymmetrale geht immer durch einen Endpunkt der Strecke.	☐
Jeder Punkt auf der Streckensymmetrale hat von Endpunkten der Strecke den gleichen Abstand.	☐

6 Zeichne den Winkel und konstruiere die Winkelsymmetrale.

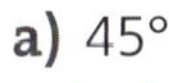

a) 45°

c) 110°

b) 82°

d) 130°

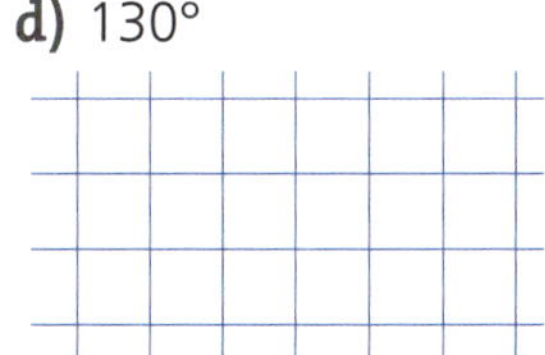

Winkelsymmetrale

- die Winkelsymmetrale halbiert den Winkel.
- jeder Punkt auf der Winkelsymmetrale hat von den spitzen bzw. stumpfen Schenkeln des Winkels denselben Normalabstand.

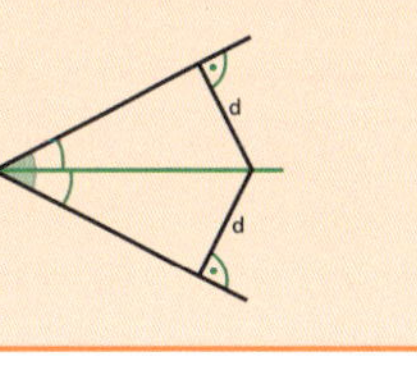

7 Konstruiere alle Punkte, die von den Schenkeln des Winkels denselben Abstand haben.

a)

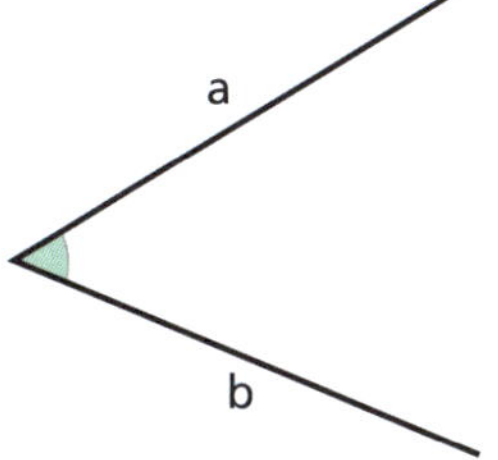

b)

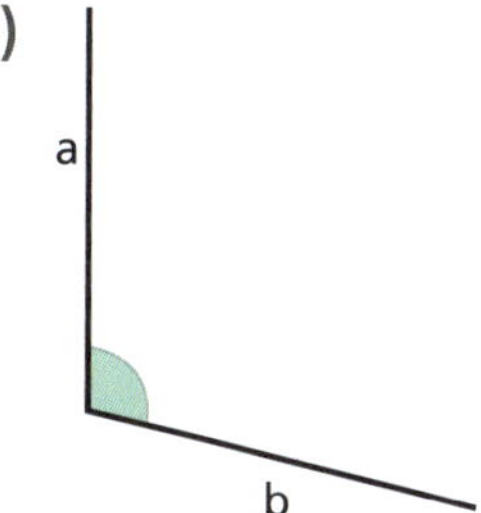

8 Zeichne den Winkel und teile ihn geometrisch in vier gleich große Teile.

a) $\alpha = 85°$

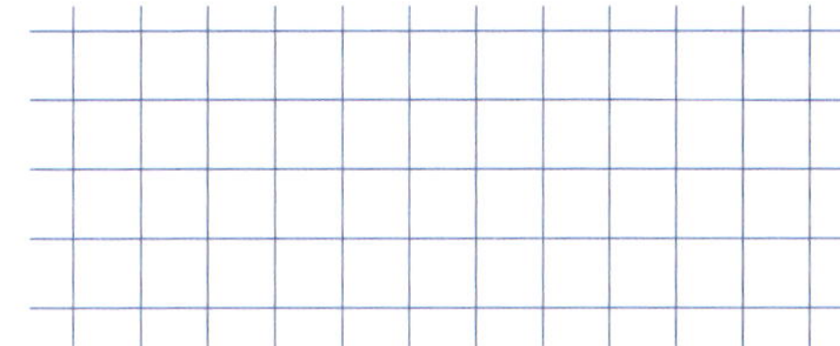

b) $\alpha = 110°$

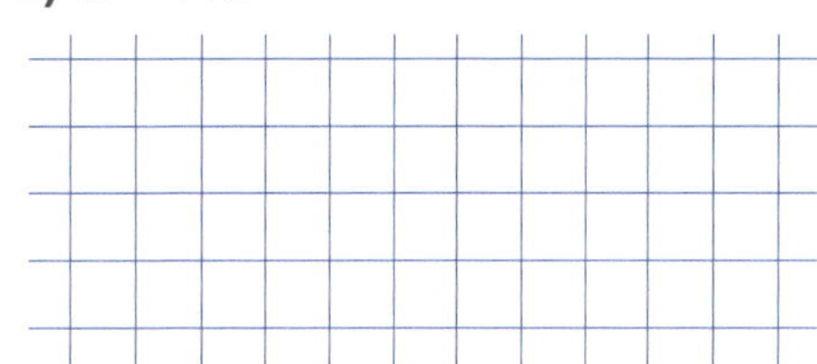

9 Konstruiere den Punkt P, der von den Endpunkten A und B der Strecke und von den Schenkeln des Winkels α gleich weit entfernt ist.

a)

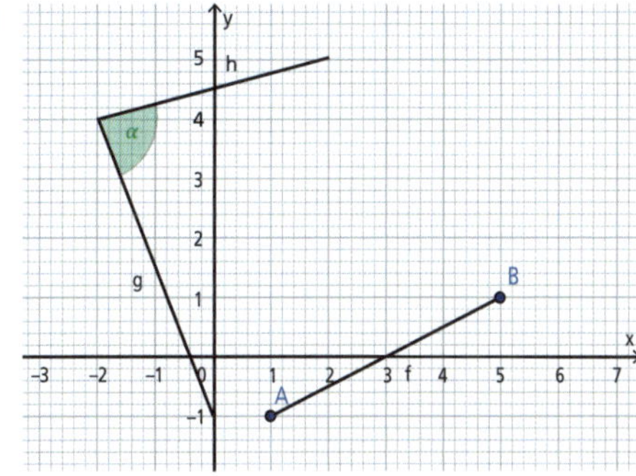

b)

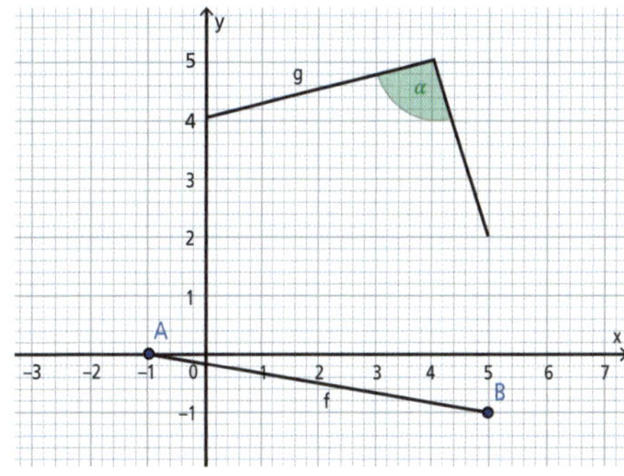

A Beschriftung / Einteilung / Winkelsumme

1 * Beschrifte das Dreieck vollständig.

a) 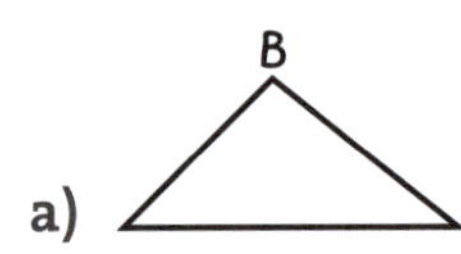

c) 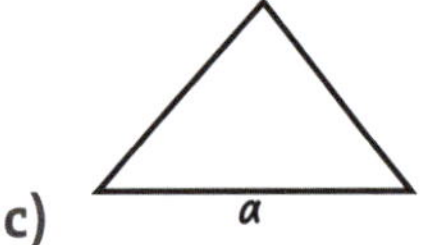

b) 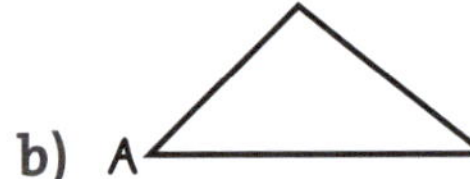

d) 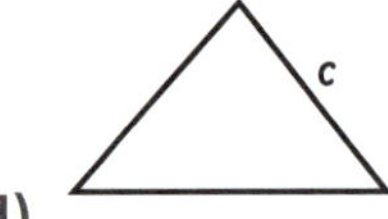

Beschriftung von Dreiecken
- die Eckpunkte werden mit Großbuchstaben gegen den Uhrzeigersinn beschriftet.
- die Seiten, die den Eckpunkten gegenüberliegen, werden mit den entsprechenden Kleinbuchstaben bezeichnet.
- die Winkel werden mit griechischen Buchstaben beschriftet.

2  Erkläre, wo bei der Beschriftung Fehler gemacht wurden.

a) 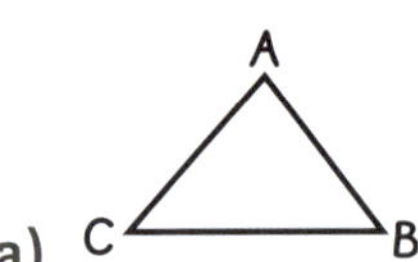

b) 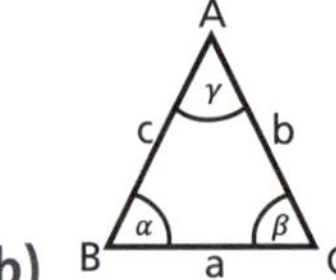

3  Benenne das beschriebene Dreieck nach den Seitenlängen.

a) Alle drei Seiten sind gleich lang: ____________________

b) Alle Seiten sind unterschiedlich lang: ________________

c) Zwei Seiten sind gleich lang: ______________________

4 * Benenne das beschriebene Dreieck nach den Winkeln.

a) Alle Winkel sind zwischen 0° und 90°: ________________

b) Ein Winkel liegt zwischen 90° und 180°: ______________

c) Zwei Seiten bilden einen rechten Winkel: _____________

5 * Ordne den Satzanfängen über das Dreieck *ABC* in der linken Spalte die Satzenden in der rechten Spalte so zu, dass richtige Aussagen entstehen.

Satzanfang	
Gegenüber vom Eckpunkt *A* befindet sich …	
Der Winkel γ hat als Scheitel …	
Die Seiten *b* und *c* …	
Die Seite *b* …	

	Satzende
A	… sind die Schenkel des Winkels α.
B	… der Eckpunkt A.
C	… die Seite *a*.
D	… den Eckpunkt B.
E	… hat die Endpunkte *A* und C.
F	… den Eckpunkt C.

6 *

Gegeben ist ein Dreieck.

(1) Miss nach, ob die Summe der Winkel 180° ist.
(2) Ordne die Winkel und die Seitenlängen der Größe nach.

Winkelsumme
Die Summe der (Innen-)Winkel eines Dreiecks ist 180°.

a) 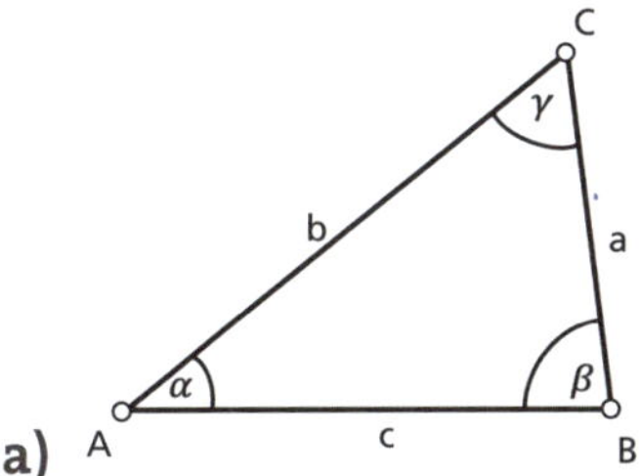

Seiten: _____ < _____ < _____

Winkel: _____ < _____ < _____

b) 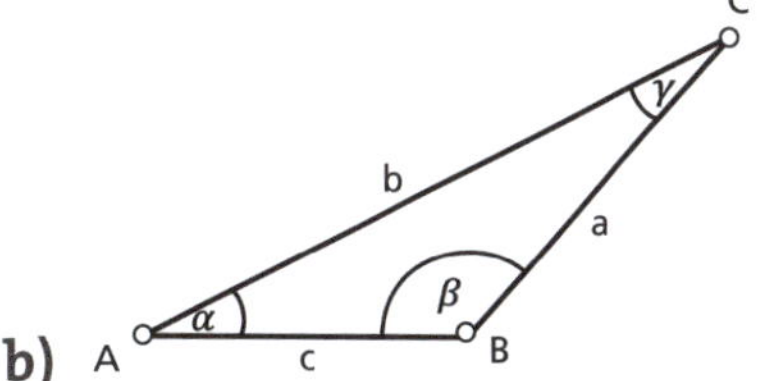

Seiten: _____ < _____ < _____

Winkel: _____ < _____ < _____

7 *

Berechne die Größe des fehlenden Winkels.

a) 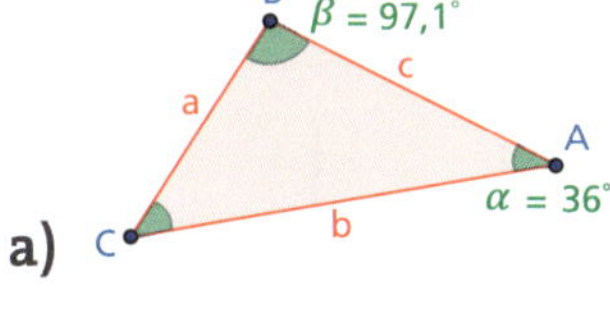

γ = ______________

b) 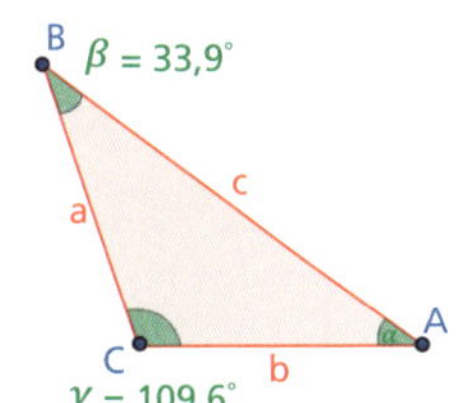

α = ______________

c) 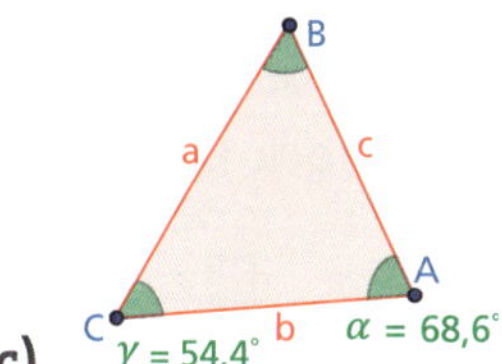

β = ______________

8 *

Ergänze die Tabelle.

	a)	b)	c)	d)
α	45°	120°		52°
β	78°		66°	98°
γ		14°	88°	

9 * *

Ordne den Aussagen über die Seitenlängen des Dreiecks *ABC* die entsprechende Aussage über die Winkel zu.

Zwei Seiten des Dreiecks schließen einen rechten Winkel ein.	
Es handelt sich um ein gleichseitiges Dreieck.	
Zwei Seiten sind gleich lang. Die längste Seite ist *c*.	
Für die Seitenlängen gilt: $a < b < c$.	

A	γ ist der größte Winkel und α = β.
B	Die Summe von zwei Winkeln des Dreiecks ist 90°.
C	Alles drei Winkel sind 50°.
D	Für die Winkel des Dreiecks gilt: γ > β > α
E	Alles drei Winkel sind 60°.

B Seiten-Seiten-Seiten-Satz / Seiten-Winkel-Seiten-Satz

1 ✱ Gib die deckungsgleichen (kongruenten) und die nicht kongruenten Dreiecke an.

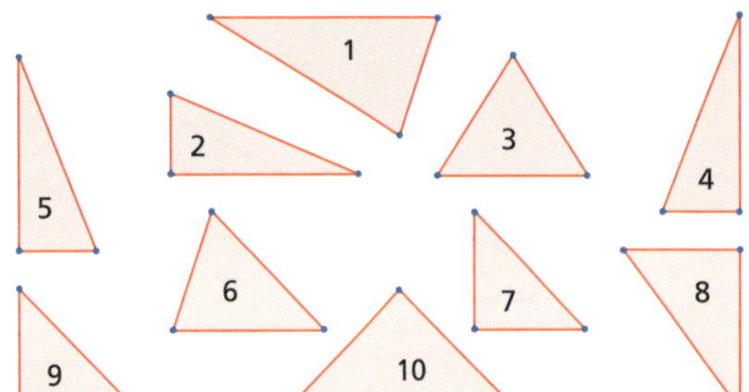

Kongruente Dreiecke: ______________________

Nicht kongruente Dreiecke: ____________________

Kongruente Dreiecke

Kongruente Dreiecke haben gleiche Seitenlängen, gleiche Winkel und gleiche Flächeninhalte.

Dreiecksungleichung

Zwei Seitenlängen eines Dreiecks müssen zusammen immer länger sein als die dritte Seitenlänge.

2 ✱ Kreuze die Angaben an, mit denen man kein Dreieck konstruieren kann.

☐	☐	☐	☐	☐
a = 3,2 cm b = 5,8 cm c = 9,5 cm	a = 5,8 cm b = 4,2 cm c = 8 cm	a = 4 cm b = 5 cm c = 3 cm	a = 4,5 cm b = 9 cm c = 4,5 cm	a = 5,4 cm b = 2,8 cm c = 9,2 cm

3 ✱✱ Konstruiere das Dreieck und beschrifte es vollständig.

a) a = 5,2 cm; b = 4,3 cm; c = 4,8 cm

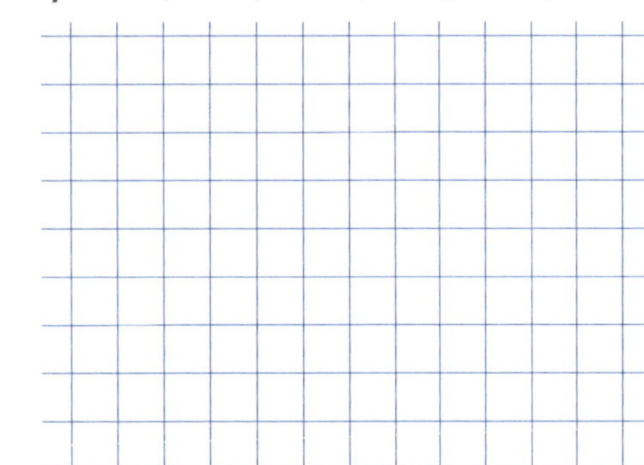

c) a = 4,6 cm; b = 5,7 cm; c = 4 cm

b) a = 3,1 cm; b = 5 cm; c = 3,3 cm

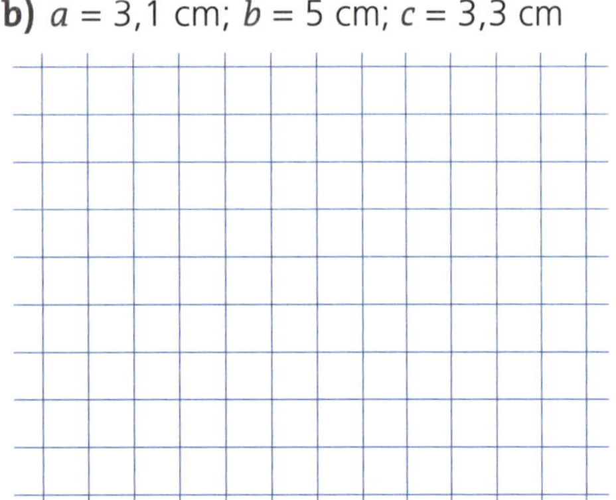

d) a = 7,8 cm; b = 3,6 cm; c = 6,4 cm

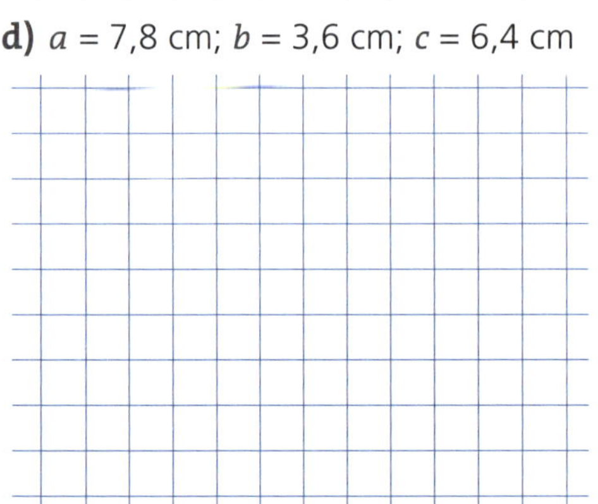

4 ✱✱ Formuliere den Seiten-Seiten-Seiten-Satz (Kongruenzsatz).

____

Kongruenzsatz
Ein Kongruenzsatz ist in der Geometrie eine Aussage, anhand derer sich die Kongruenz von Dreiecken nachweisen lässt.

5 ✱✱ Formuliere den Seiten-Winkel-Seiten-Satz (Kongruenzsatz).

____

6 ✱✱ Begründe mit dem Kongruenzsatz, dass die beiden Dreiecke kongruent sind.

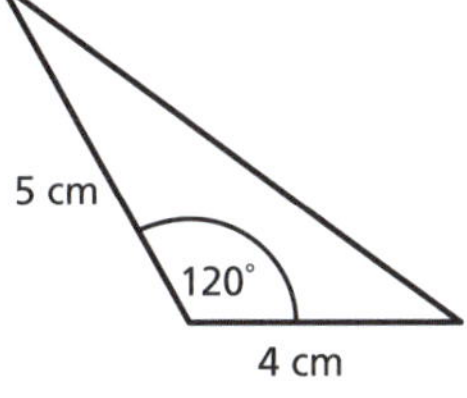

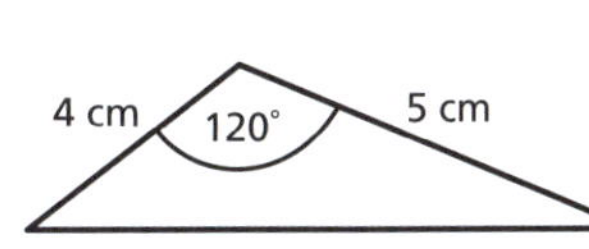

____

____

7 ✱ Trage im Dreieck die Größe (Winkel oder Seitenlänge) ein, die für den Seiten-Winkel-Seiten-Satz fehlt.

a)

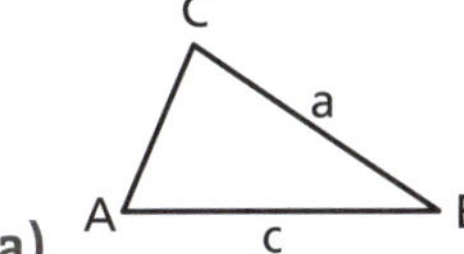

b)

c)

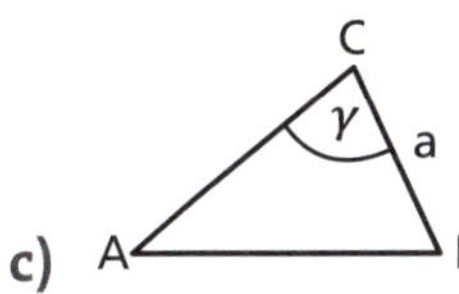

8 ✱✱ Konstruiere das Dreieck und beschrifte es vollständig.

a) $a = 4$ cm; $c = 6{,}4$ cm; $\beta = 84°$

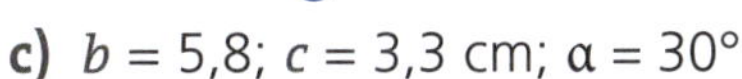

c) $b = 5{,}8$; $c = 3{,}3$ cm; $\alpha = 30°$

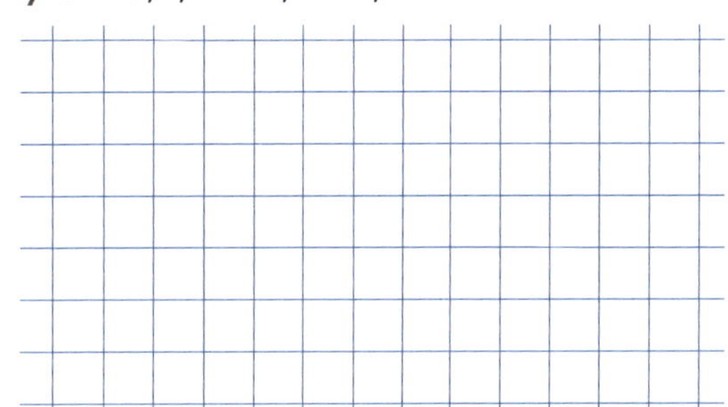

b) $a = 6$ cm; $b = 4{,}4$ cm; $\gamma = 49°$

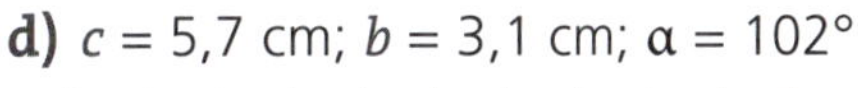

d) $c = 5{,}7$ cm; $b = 3{,}1$ cm; $\alpha = 102°$

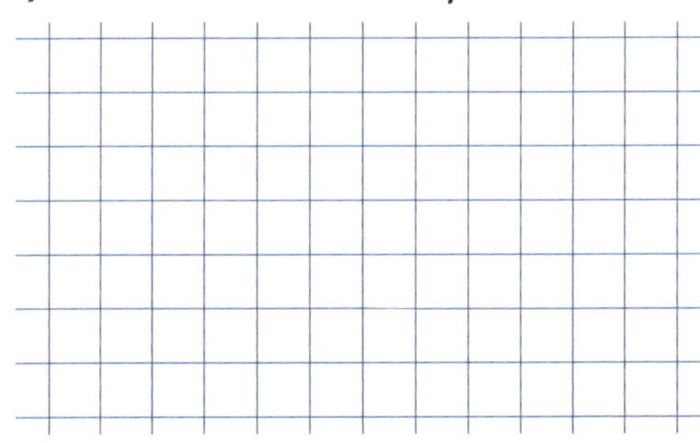

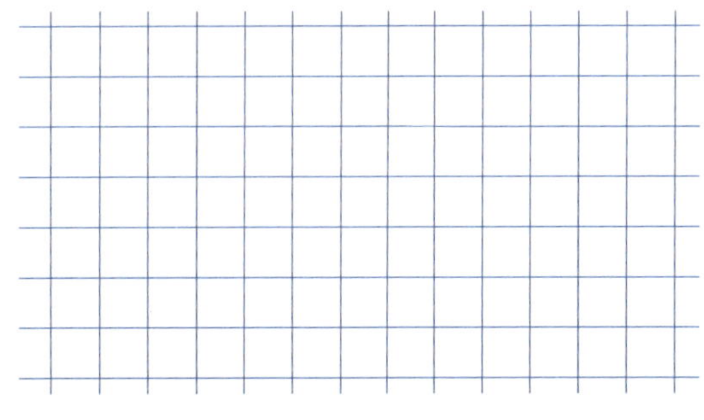

C Seiten-Seiten-Winkel-Satz / Winkel-Seiten-Winkel-Satz

1 ✱ Gegeben sind die Seitenlängen $a = 6$ cm und $c = 5$ cm eines Dreiecks sowie der Winkel $\alpha = 50°$. Formuliere die einzelnen Konstruktionsschritte in Worten.

Seiten-Seiten-Winkel-Satz
Zwei Dreiecke sind kongruent, wenn sie in zwei Seiten und dem Winkel, der der **längeren** Seite gegenüberliegt, übereinstimmen.

1. Schritt: A c B

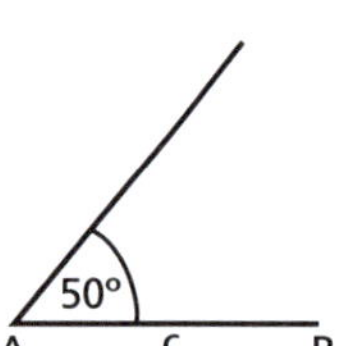

2. Schritt:

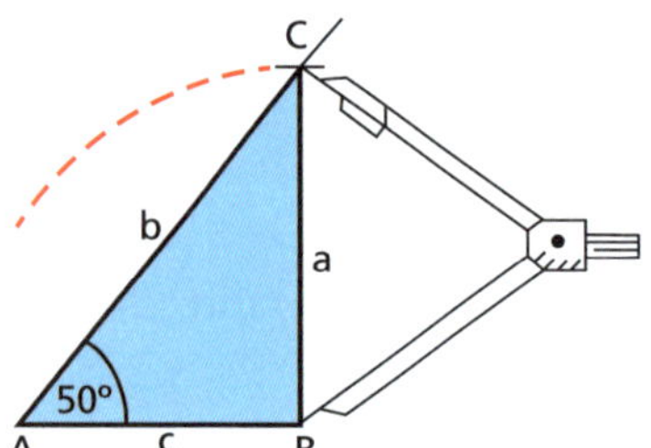

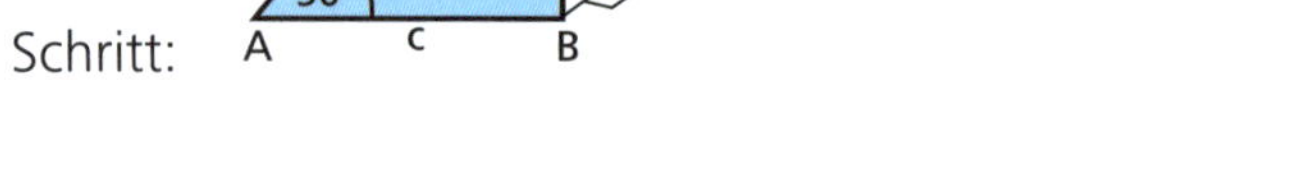

3. Schritt:

2 Konstruiere das Dreieck und beschrifte es vollständig.

a) $b = 5{,}8$ cm; $c = 5$ cm; $\beta = 83°$

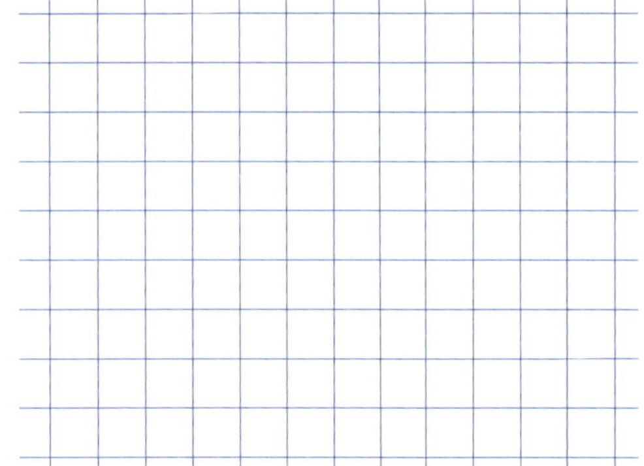

c) $a = 6{,}1$ cm; $c = 5{,}6$ cm; $\alpha = 76°$

b) $a = 6{,}2$ cm; $b = 4$ cm; $\alpha = 102°$

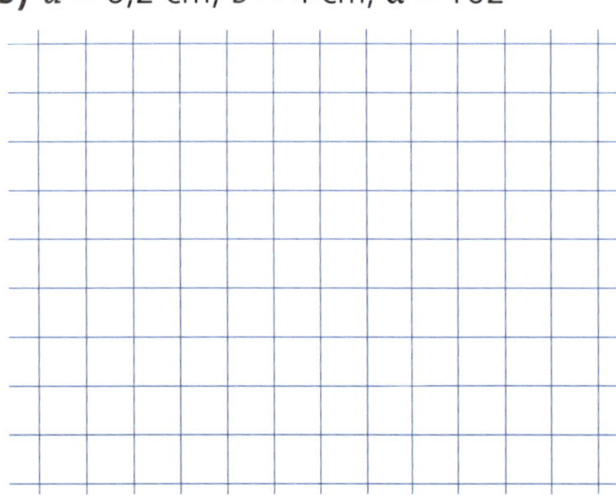

d) $b = 4$ cm; $c = 5{,}6$ cm; $\gamma = 105°$

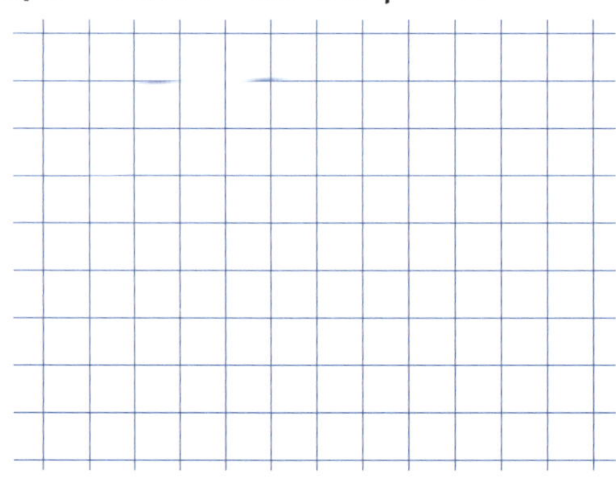

3 Formuliere den Winkel-Seiten-Winkel-Satz (Kongruenzsatz).

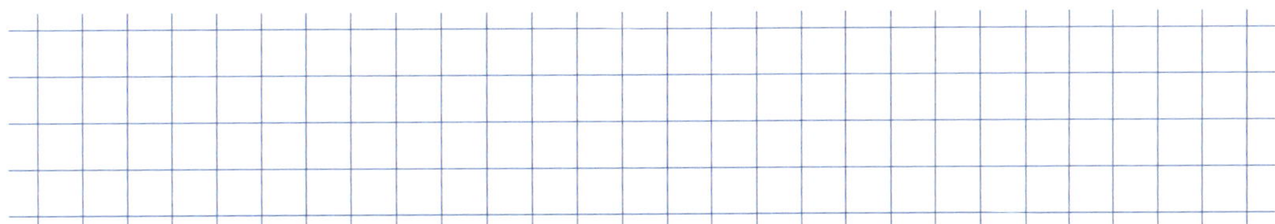

4 Gegeben sind die Länge der Seite $c = 6{,}5$ cm eines Dreiecks sowie die Winkel $\alpha = 60°$ und $\beta = 45°$. Formuliere die einzelnen Konstruktionsschritte in Worten.

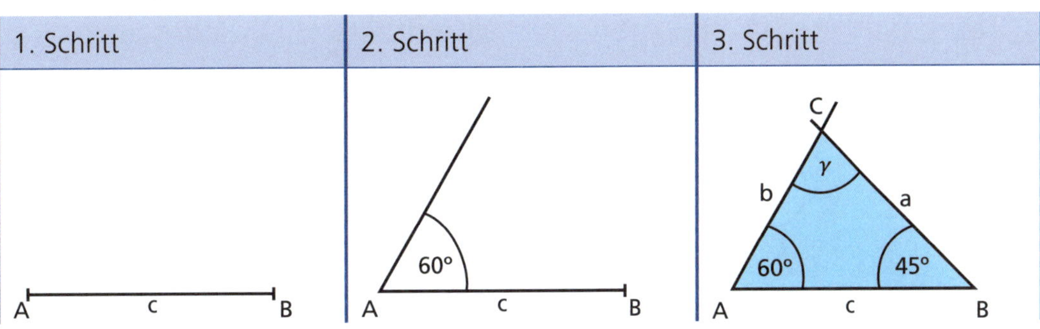

5 Konstruiere das Dreieck und beschrifte es vollständig.

a) $c = 5{,}6$ cm; $\alpha = 47°$; $\beta = 71°$

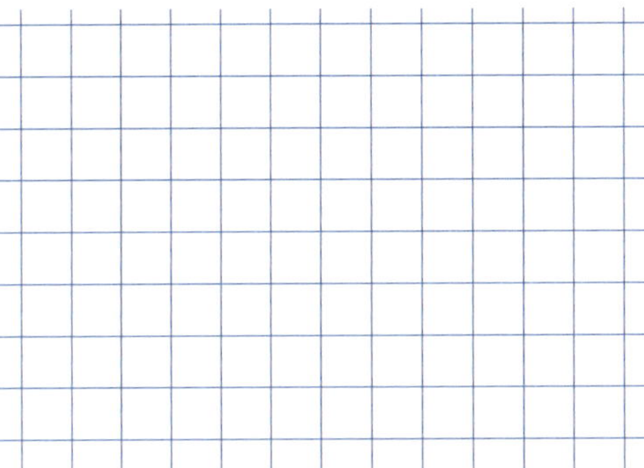

c) $a = 7{,}6$ cm; $\beta = 37°$; $\gamma = 62°$

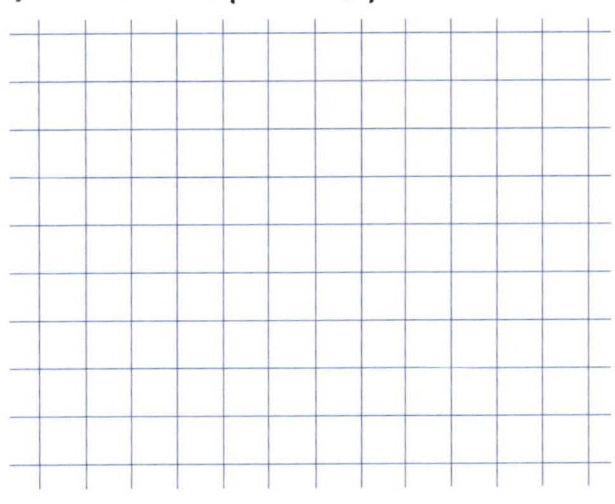

b) $b = 6{,}2$ cm; $\alpha = 42°$; $\gamma = 34°$

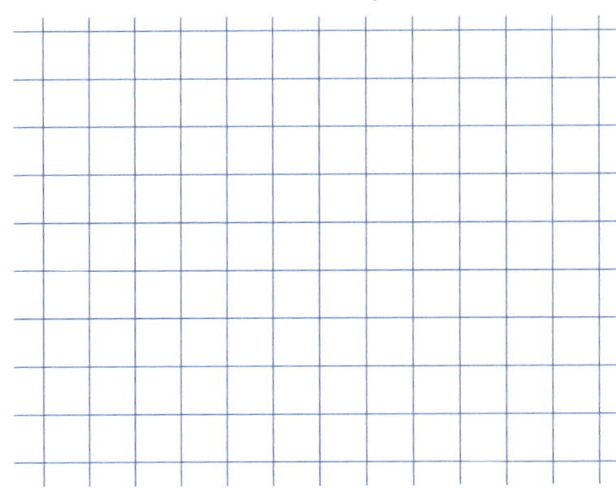

d) $c = 7$ cm; $\alpha = 83°$; $\beta = 28°$

D Höhenschnittpunkt und Schwerpunkt

1 Zeichne die angegebene Höhe im Dreieck ein.

*

a) 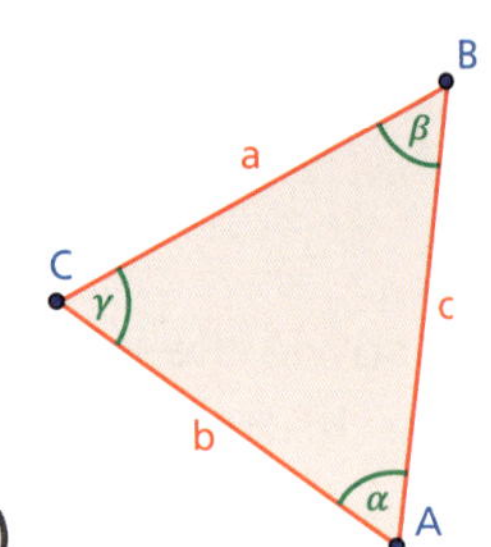

h_c

c) 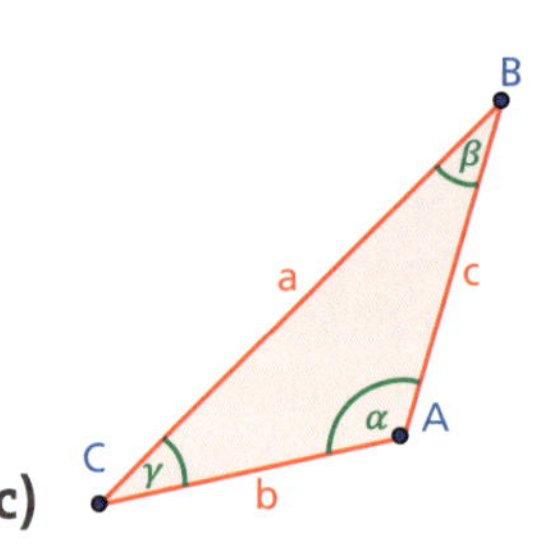

h_c

b) 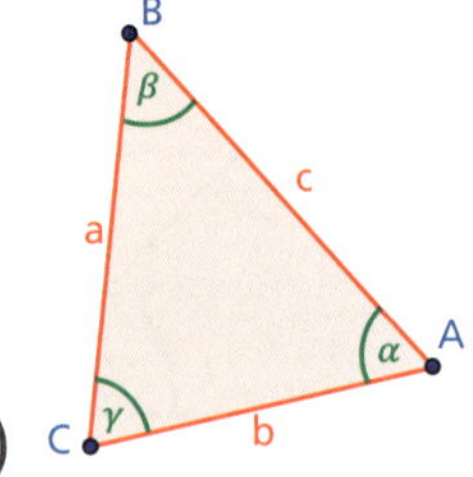

h_a

d) 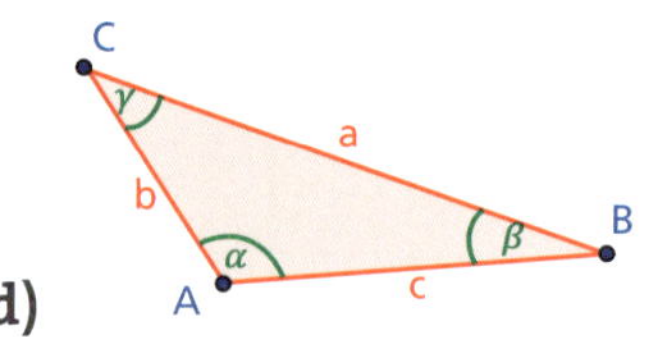

h_b

2 Konstruiere den Höhenschnittpunkt H.

*

a) 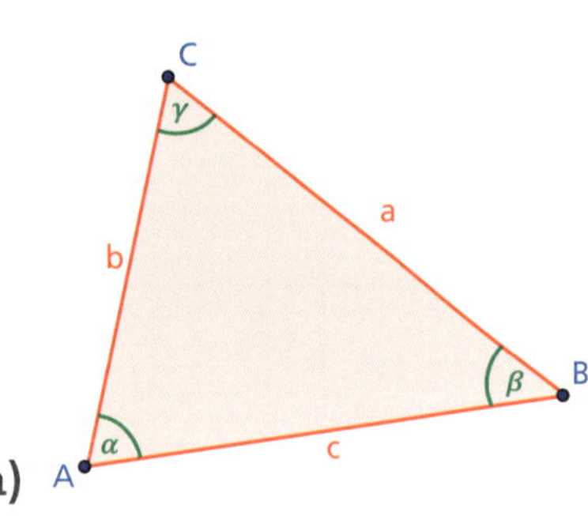

b) 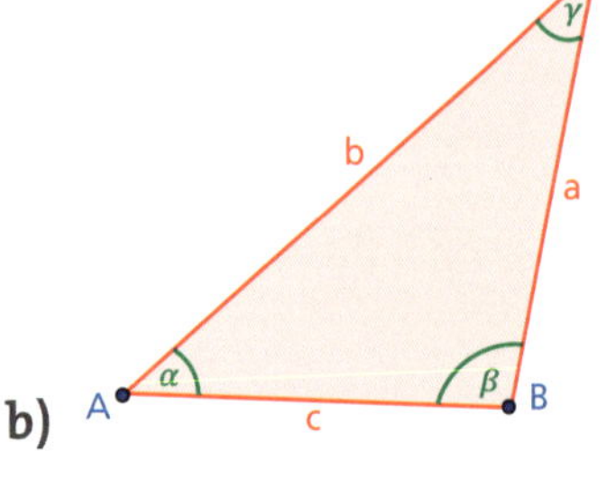

> ***Höhen / Höhenschnittpunkt***
>
> *Der Normalabstand eines Eckpunkts zur gegenüberliegenden Seite heißt Höhe und wird mit h_a, h_b bzw. h_c bezeichnet. In stumpfwinkligen Dreiecken müssen die Seiten dazu über den Scheitel des stumpfen Winkels verlängert werden. Die Höhen bzw. deren Verlängerungen schneiden sich im* ***Höhenschnittpunkt H.***
>
> 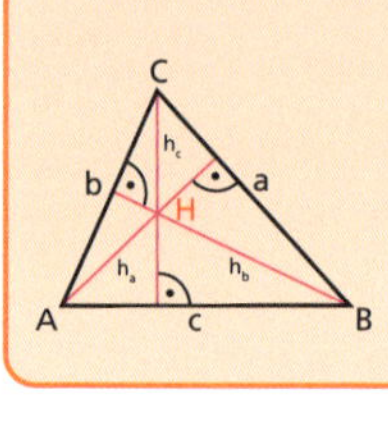
>
>
> 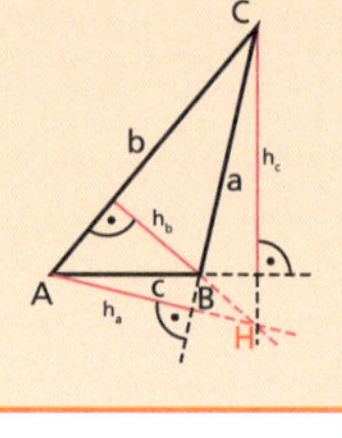
>

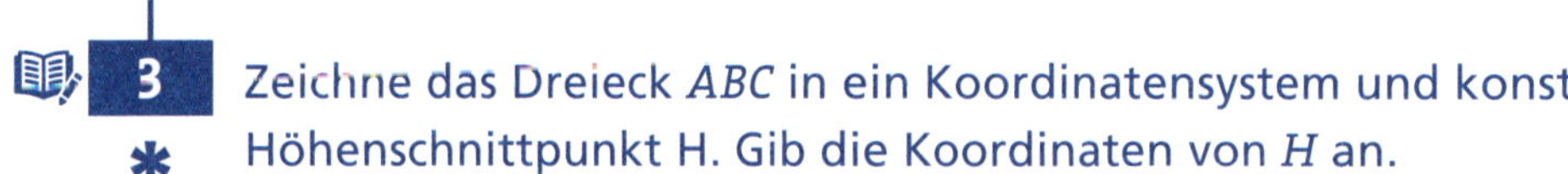

3 Zeichne das Dreieck *ABC* in ein Koordinatensystem und konstruiere den Höhenschnittpunkt H. Gib die Koordinaten von *H* an.

**

a) $A = (1|1)$, $B = (8|2)$, $C = (5|6)$

b) $A = (-2|0)$, $B = (3|1)$, $C = (0|6)$

c) $A = (-2|0)$, $B = (2|1)$, $C = (2|5)$

d) $A = (0|-1)$, $B = (3|2)$, $C = (0|1)$

4 Zeichne die angegebene Schwerlinie im Dreieck ein.

a)

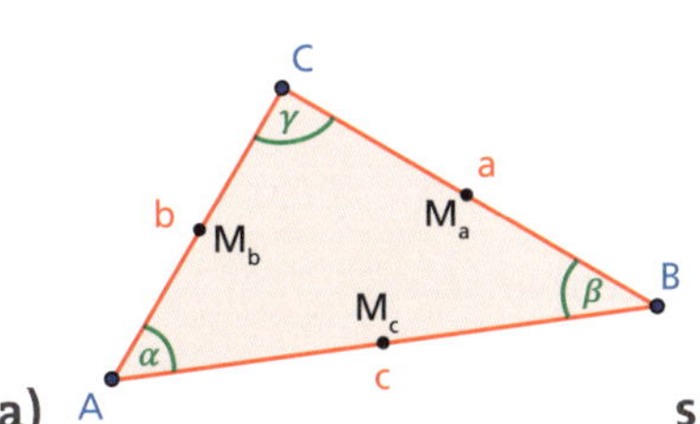

s_a

c)

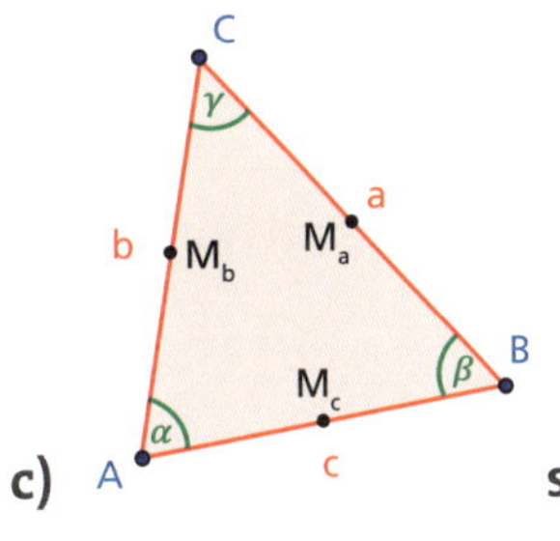

s_c

b)

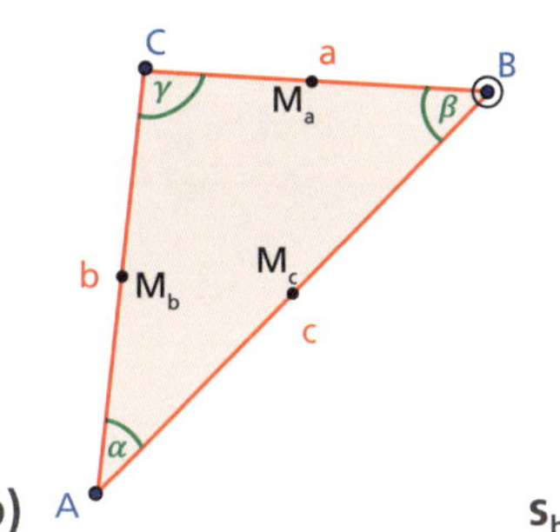

s_b

d)

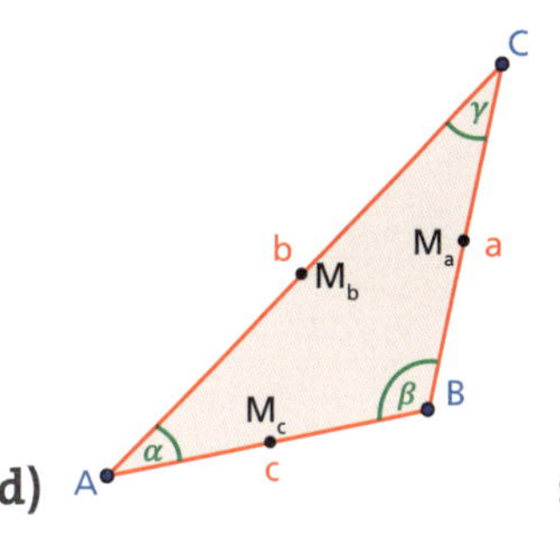

s_a

5 Konstruiere den Schwerpunkt S.

a)

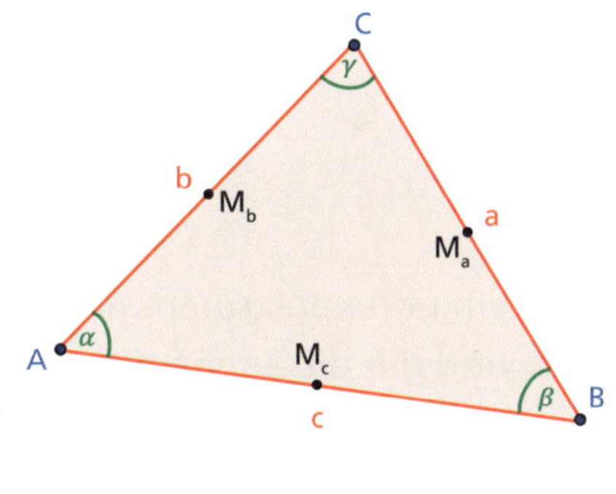

b)

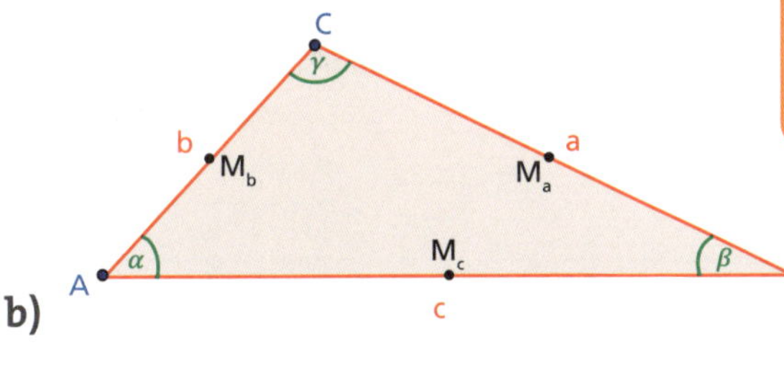

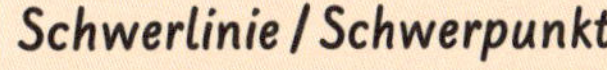

Schwerlinie / Schwerpunkt

Die Strecke zwischen dem Mittelpunkt einer Seite (M_a, M_b bzw. M_c) und dem gegenüberliegenden Eckpunkt heißt Schwerlinie und wird mit s_a, s_b bzw. s_c bezeichnet.
Die Schwerlinien schneiden sich im ***Schwerpunkt S.***

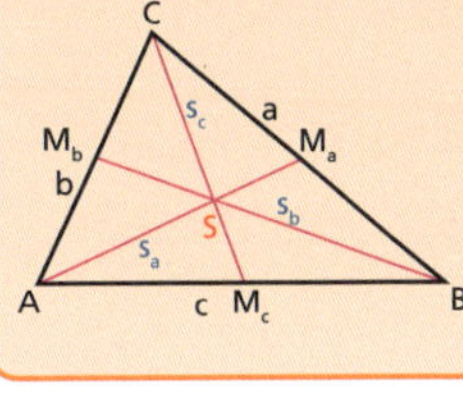

6

Zeichne das Dreieck und konstruiere den Schwerpunkt S.
(Tipp: Die Seitenmittelpunkte können mithilfe der Streckensymmetralen

konstruiert werden.)

a) $a = 6{,}2$ cm; $b = 5{,}4$ cm; $c = 6{,}8$ cm

b) $a = 3{,}5$ cm; $c = 6{,}8$ cm; $\beta = 103°$

c) $a = 7{,}3$ cm; $\beta = 32°$; $\gamma = 46$

d) $a = 5{,}3$ cm; $b = 4$ cm; $\alpha = 75°$

E Umkreismittelpunkt / Inkreismittelpunkt / Eulersche Gerade

1 ✱ Konstruiere den Umkreismittelpunkt U des Dreiecks.

Umkreismittelpunkt
*Der Schnittpunkt der Seitensymmetralen eines Dreiecks ist der **Umkreismittelpunkt** U.*
In einem stumpfwinkligen Dreieck liegt U außerhalb der Dreiecksfläche.

a)
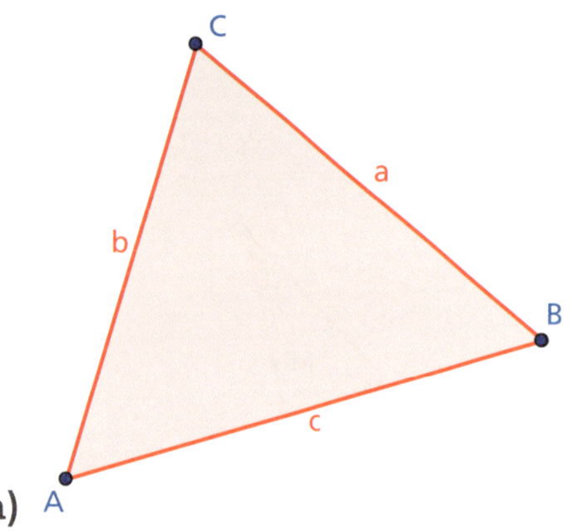

b)
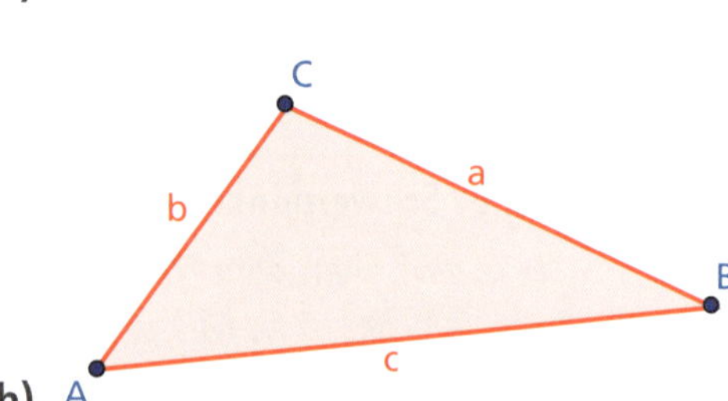

c)
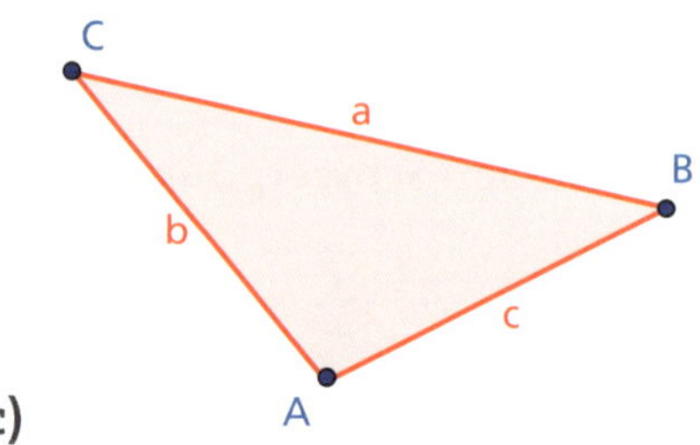

2 ✱ Zeichne das Dreieck ABC in ein Koordinatensystem und konstruiere den Umkreismittelpunk U. Zeichne den Umkreis ein und gib die Länge des Umkreisradius r an.

a) $A = (-2|-1)$, $B = (6|3)$, $C = (2|4)$

b) $A = (0|1)$, $B = (5|-1)$, $C = (3|4)$

c) $A = (-2|-1)$, $B = (2|2)$, $C = (-1|5)$

d) $A = (-2|-1)$, $B = (4|-1)$, $C = (-4|4)$

3 ✱✱ Kreuze die richtigen Aussagen an.

Der Umkreismittelpunkt ist von den Seiten des Dreiecks immer gleich weit entfernt.	☐
Die Eckpunkte des Dreiecks sind vom Umkreismittelpunkt immer gleich weit entfernt.	☐
Für den Umkreisradius r des Dreiecks ABC gilt: $r = \overline{UA} = \overline{UB} = \overline{UC}$	☐
Der Umkreismittelpunkt liegt auf den Winkelsymmetralen der Innenwinkel des Dreiecks.	☐
Die Seitensymmetralen des Dreiecks schneiden sich immer in einem Punkt. Dieser Punkt ist der Mittelpunkt des Umkreises des Dreiecks.	☐

4 Konstruiere den Inkreismittelpunkt I des Dreiecks.

a)

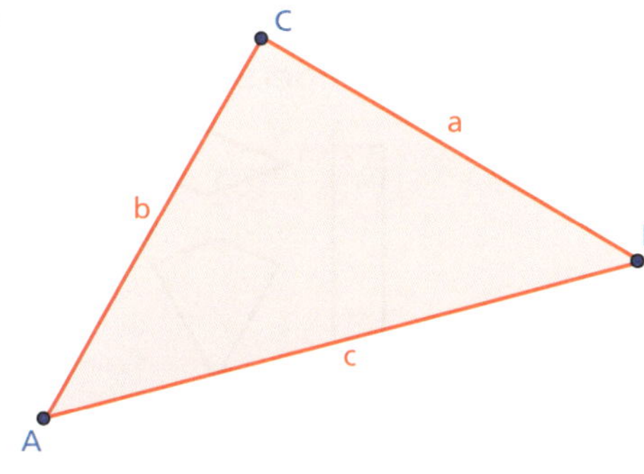

Inkreismittelpunkt

Der Schnittpunkt der Winkelsymmetralen eines Dreiecks ist der **Inkreismittelpunkt** I.

b)

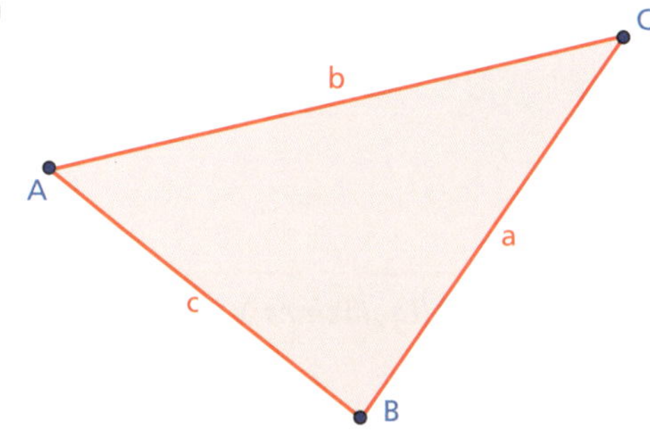

c)

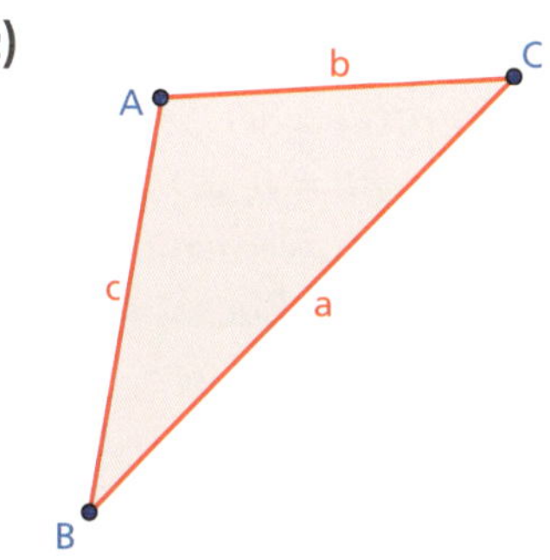

5 Zeichne das Dreieck ABC und konstruiere den Inkreismittelpunk I. Zeichne den Inkreis ein und gib die Länge des Inkreisradius ρ an.

a) $c = 7{,}8$ cm; $\alpha = 46°$; $\beta = 50°$

b) $a = 9{,}5$ cm; $b = 5{,}1$ cm; $\gamma = 46°$

c) $a = 8{,}2$ cm; $b = 7{,}3$ cm; $c = 8$ cm

d) $a = 7{,}4$ cm; $c = 8{,}5$ cm; $\gamma = 78°$

6 Kreuze die richtigen Aussagen an.

Der Inkreismittelpunkt ist von den Eckpunkten des Dreiecks immer gleich weit entfernt.	☐
Schneidet man die Seitensymmetralen des Dreiecks, ist der Schnittpunkt von den Dreiecksseiten immer gleich weit entfernt.	☐
In jedem Dreieck gibt es drei Winkelsymmetralen, die sich immer in einem Punkt schneiden.	☐
Der Inkreismittelpunkt liegt immer auf einer der Dreiecksseiten.	☐
Der Normalabstand des Inkreismittelpunkts zu jeder der Dreiecksseiten ist immer gleich groß und er ist der Radius des Inkreises des Dreiecks.	☐

8 Vierecke

A Allgemeine Vierecke/Winkelsumme

1 ✱ Markiere alle Figuren, bei denen es sich um Vierecke handelt.

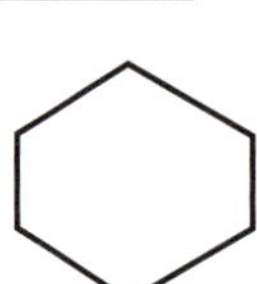

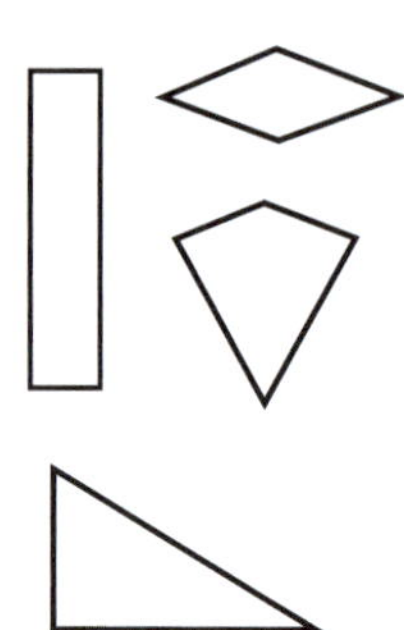

2 ✱ Beschrifte die Vierecke vollständig.

a)

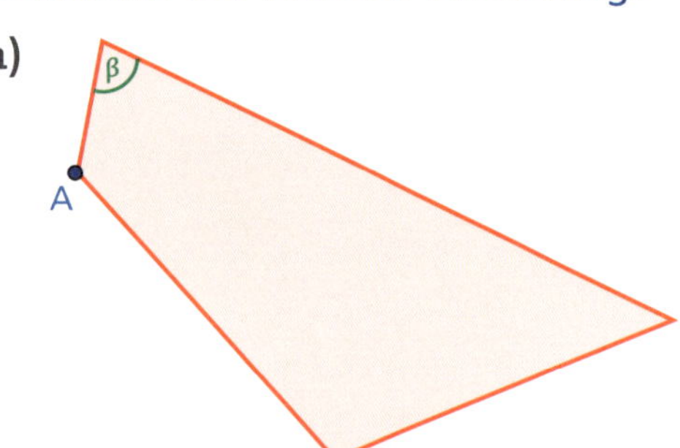

b)

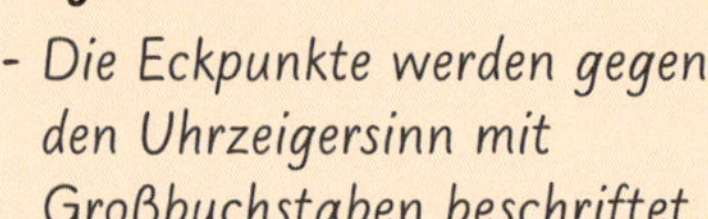

Allgemeines Viereck

- Die Eckpunkte werden gegen den Uhrzeigersinn mit Großbuchstaben beschriftet.
- Beschriftung der Seiten: $AB = a$, $BC = b$, $CD = c$, $AD = d$
- Die Winkel werden mit griechischen Buchstaben bezeichnet.
- Die Strecken $AC = e$, $BD = f$ heißen Diagonalen.

Winkelsumme im Viereck

Die Summe der Innenwinkel eines Vierecks ist 360°.

3 ✱ Berechne das Maß des fehlenden Winkels.

a) $\beta = 157°$, $\gamma = 47°$, $\delta = 112°$

b) $\alpha = 69°$, $\gamma = 63°$, $\delta = 96°$

c) $\alpha = 139°$, $\beta = 45°$, $\delta = 51°$

d) $\alpha = 33°$, $\beta = 129°$, $\gamma = 152°$

4 ✱✱ Begründe anhand der Zeichnung, warum die Winkelsumme im Viereck immer 360° ist.

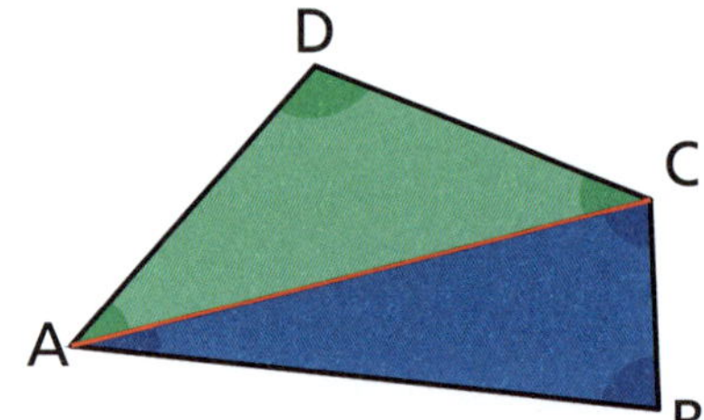

5 Finde im „Haus der Vierecke“ das Viereck, das zur Beschreibung passt.

a) Meine vier Seiten sind gleich lang. Keiner der Innenwinkel hat 90°.

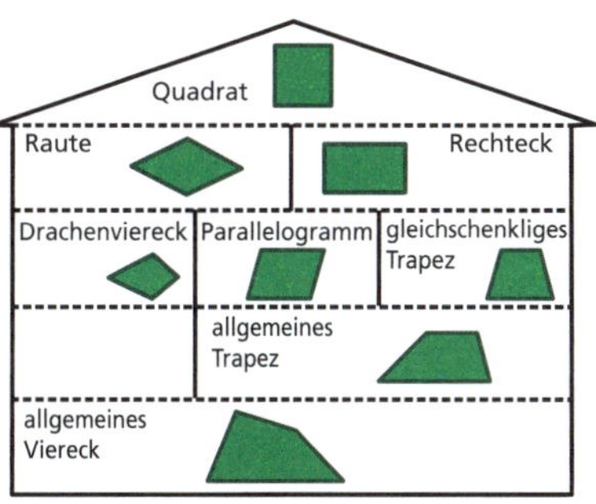

____

b) Ich habe vier unterschiedliche lange Seiten und auch die Innenwinkel sind unterschiedlich groß.

____

c) Ich habe zwei Paar parallele Seiten und jeder Innenwinkel hat 90°.

____

d) Meine vier Seiten sind gleich lang und jeder Innenwinkel hat 90°.

____

e) Ich habe nur ein Paar paralleler Seiten, zwei Seiten sind aber gleich lang.

____

6 Konstruiere das Viereck und beschrifte es vollständig. Gib die einzelnen Konstruktionsschritte an.

a) $a = 6$ cm, $b = 3{,}6$ cm, $d = 5$ cm, $\alpha = 100°$, $\beta = 124°$

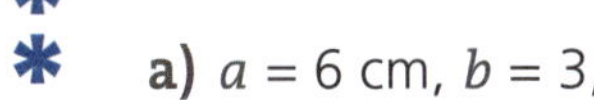

b) $a = 2{,}8$ cm, $b = 3$ cm, $c = 3{,}3$ cm, $\beta = 67°$, $\gamma = 81°$

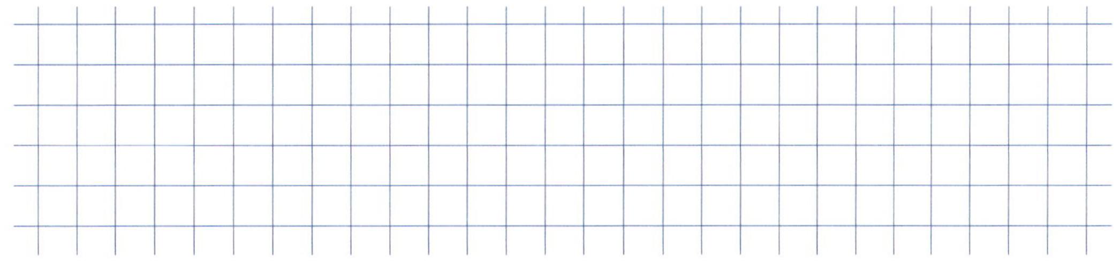

7 Konstruiere das Viereck.

a) $a = 4$ cm, $b = 3{,}2$ cm, $c = d = 4{,}1$ cm, $\delta = 72°$

b) $a = 3{,}6$ cm, $b = 3$ cm, $c = 2$ cm, $d = 3{,}3$ cm, $\gamma = 150°$

B Rechteck und Quadrat

1 ✱ Welche Eigenschaften passen zu einem Rechteck bzw. zu einem Quadrat? Mehrfachnennungen sind möglich.

a) Die Innenwinkel sind alle 90°: ______

b) Die Diagonalen bilden einen rechten Winkel: ______

c) Alle vier Seitenlängen sind gleich lang: ______

d) Die Diagonalen sind gleich lang: ______

e) Gegenüberliegende Seiten sind gleich lang: ______

f) Die Diagonalen halbieren einander: ______

g) Die Summe der Innenwinkel ist 360°: ______

h) Es gibt zwei unterschiedliche Seitenlängen: ______

2 ✱ Konstruiere das Rechteckt bzw. das Quadrat und beschrifte es vollständig.

a) Rechteck: a = 3,5 cm, b = 2,4 cm **b)** Quadrat: a = 2,5 cm

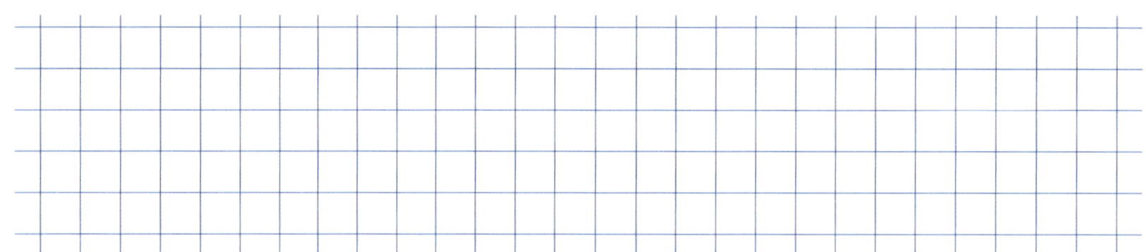

3 ✱ Zeichne das Quadrat bzw. das Rechteck in das Koordinatensystem und konstruiere, wenn möglich, den Inkreis und den Umkreis. Gib die Länge des Inkreisradius r_i bzw. des Umkreisradius r_u sowie die Seitenlängen an. (Längeneinheit 1 cm)

a) $A = (0 \mid -1)$, $B = (5 \mid 0)$, $C = (4 \mid 5)$, $D = (-1 \mid 4)$

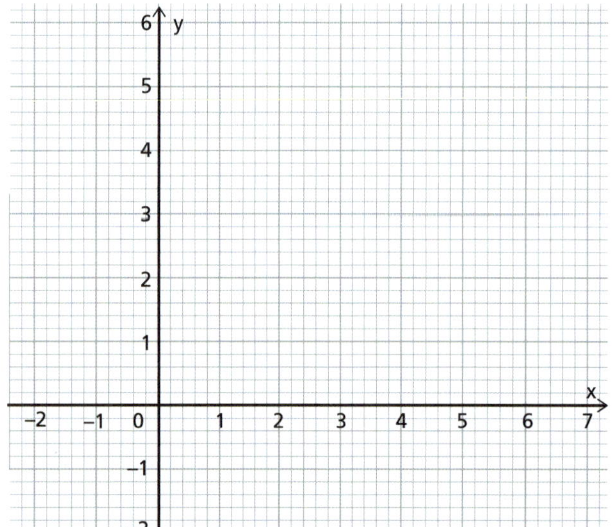

r_I = ______ cm

r_U = ______ cm

a = ______ cm

b) $A = (1 \mid -1)$, $B = (5 \mid 3)$, $C = (2 \mid 6)$, $D = (-2 \mid 2)$

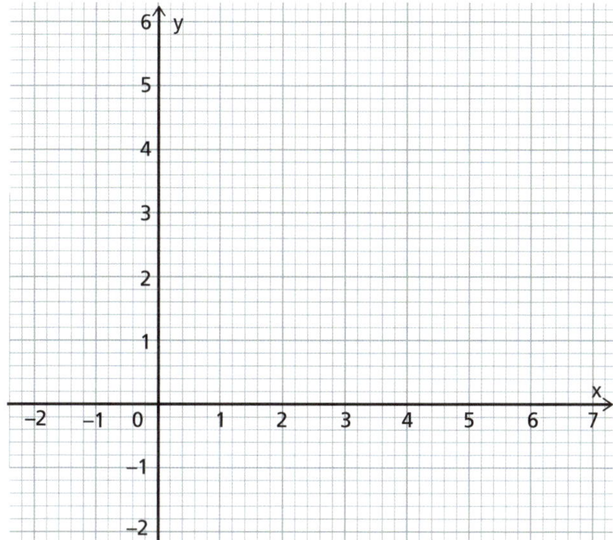

$a =$ ______ cm

$b =$ ______ cm

$r_U =$ ______ cm

4 ✱ Berechne den Umfang und den Flächeninhalt des Quadrats mit der Seitenlänge *a*.

a) $a = 10$ cm **b)** $a = 3,5$ cm **c)** $a = 8,3$ cm

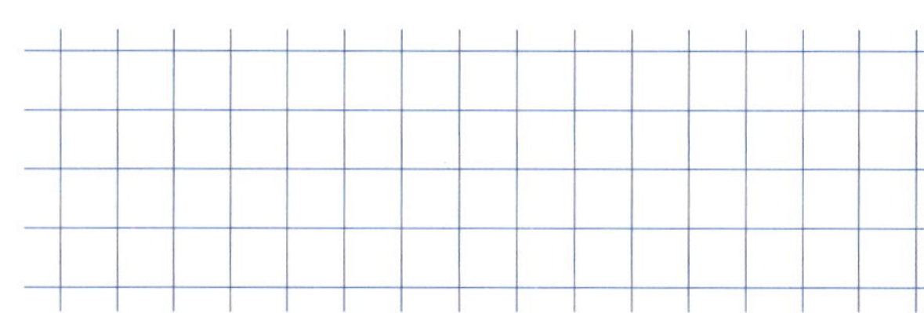

Umfang und Flächeninhalt des Quadrats

Für ein Quadrat mit der Seitenlänge *a* gilt:

$u = 4 \cdot a$ $A = a \cdot a$

5 ✱ Berechne den Umfang und den Flächeninhalt des Rechtecks mit den Seitenlängen *a* und *b*.

a) $a = 4$ cm, $b = 11$ cm **b)** $a = 6,2$ cm, $b = 3,3$ cm **c)** $a = 10$ cm, $b = 1,5$ cm

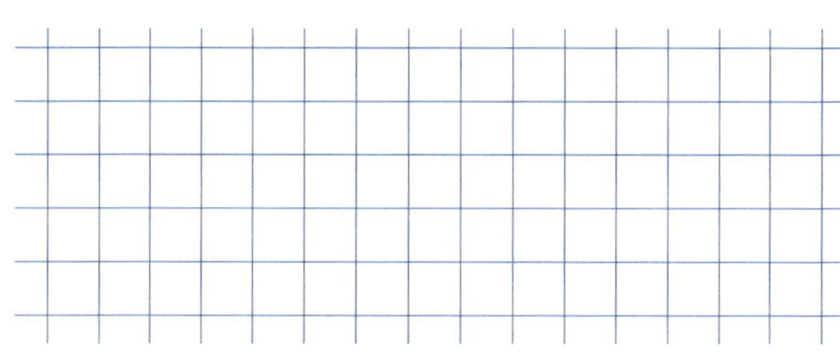

Umfang und Flächeninhalt des Rechtecks

Für ein Rechteck mit den Seitenlängen *a* und *b* gilt:

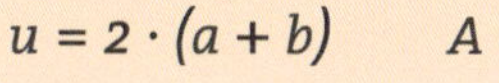

$u = 2 \cdot (a + b)$ $A = a \cdot b$

6 ✱✱ Ein Quadrat hat eine Seitenlänge von 10 m, während ein Rechteck die gleiche Länge, aber eine um 4,5 m geringere Breite hat. Um wie viel m^2 unterscheiden sich die Flächeninhalte beider Figuren?

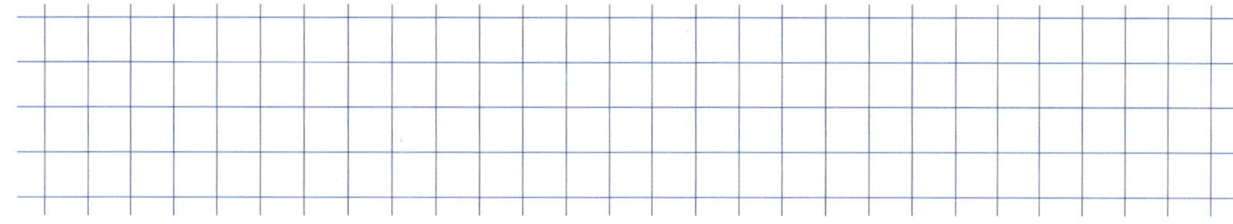

C Parallelogramm und Raute (Rhombus)

1 ✱ Welches Viereck ist ein Parallelogramm? Begründe deine Entscheidung.

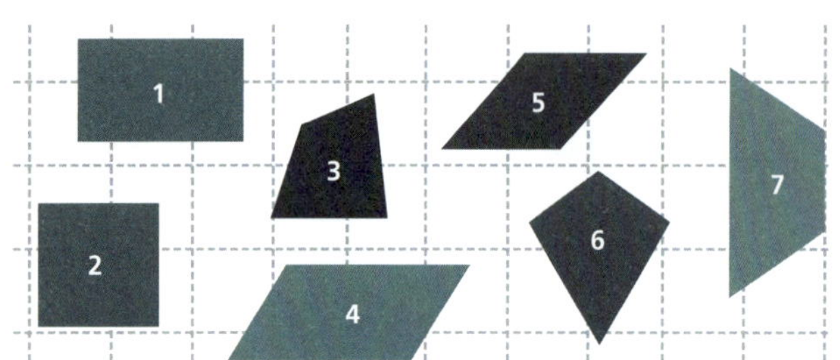

Parallelogramm
- *Gegenüberliegende Seiten sind parallel und gleich lang.*
- *Gegenüberliegende Winkel sind gleich groß.*
- *Die Diagonalen halbieren einander.*

	1	2	3	4	5	6	7
Parallelogramm	ja/nein	ja/nein	ja/nein	ja/nein	ja/nein	ja/nein	ja/nein
Begründung							

2 ✱ In der Abbildung ist eine Raute dargestellt. Beschreibe möglichst viele Eigenschaften der Raute in Worten.

D c C
d b
δ γ α β f e M
A a B
a = b = c = d

____

____

____

3 ✱✱ Welche Eigenschaft(en) passen zu welchem Viereck? Kreuze an.

	Rechteck	Quadrat	Parallelogramm	Raute
Alle vier Seiten haben die gleiche Länge.				
Die Diagonalen bilden einen rechten Winkel.				
Gegenüberliegende Seiten sind parallel und gleich lang.				
Die Innenwinkel haben alle 90°.				
Gegenüberliegende Seiten sind parallel.				

4 ✱✱ Kreuze die richtigen Aussagen an.

Jede Raute ist ein Parallelogramm.	☐
Jedes Parallelogramm ist eine Raute.	☐
Jedes Rechteck und jedes Quadrat ist ein Parallelogramm.	☐
Jedes Parallelogramm ist ein Rechteck oder ein Quadrat.	☐
Jedes Quadrat ist eine Raute.	☐

5  Bestimme die fehlenden Winkel des Parallelogramms.

a) $\alpha = 35°$ **b)** $\beta = 40°$ **c)** $\delta = 72°$

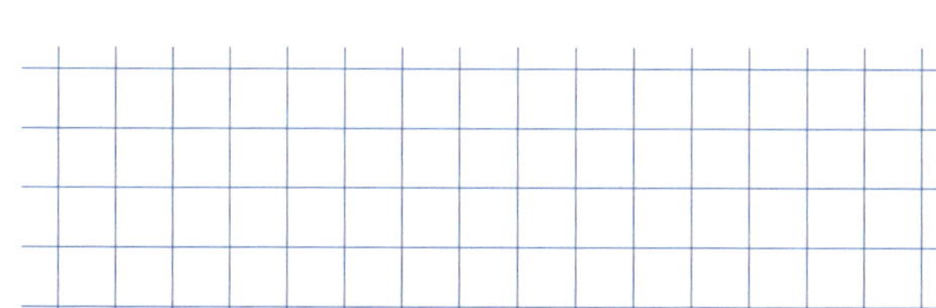

Benachbarte Winkel im Parallelogramm

Im Parallelogramm ergänzen sich benachbarte Winkel auf 180°.

6 ✱ Konstruiere das Parallelogramm und beschrifte es vollständig. Gib die Längen der Diagonalen an.

a) $a = 4$ cm, $b = 3$ cm, $\alpha = 30°$ **b)** $a = 4{,}5$ cm, $b = 2$ cm, $\beta = 45°$

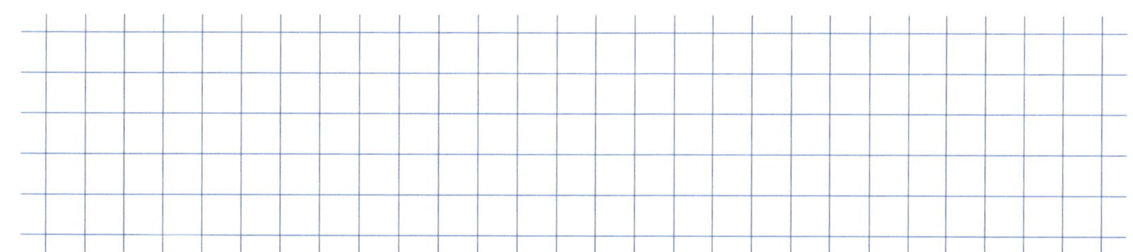

7  Konstruiere die Raute und beschrifte sie vollständig. Gib die Längen der Diagonalen an.

a) $a = 3{,}6$ cm, $\alpha = 110°$ **b)** $a = 3$ cm, $\beta = 125°$

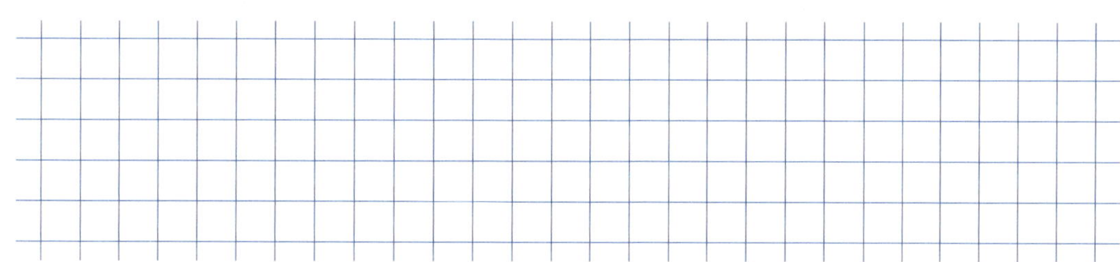

 **8**  Zeichne in der Raute den Inkreis ein.

 **a)**

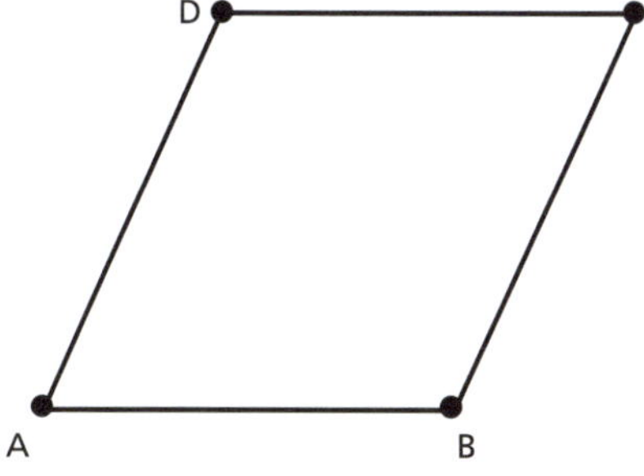

 **b)**

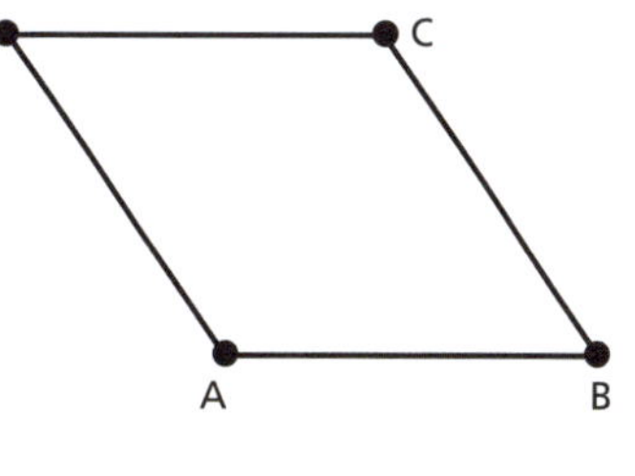

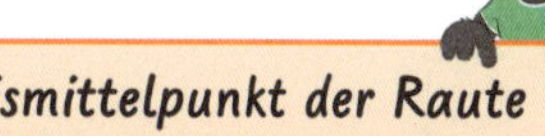

Inkreismittelpunkt der Raute

Der Schnittpunkt der Diagonalen ist der Inkreismittelpunkt.

D Trapez und Deltoid (Drachenfigur)

1 ✱ Markiere im Trapez die parallelen Seiten rot und die Schenkel grün.

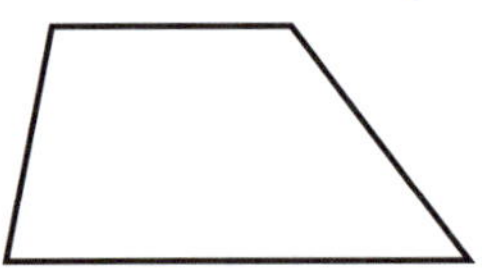
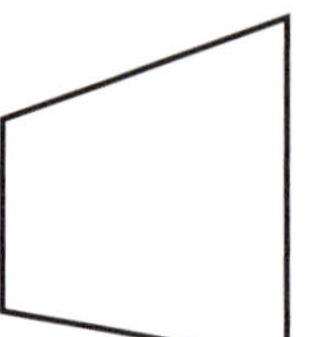

> ***Trapez***
> *Ein Viereck mit einem Paar parallelen Seiten heißt Trapez. Die nicht parallelen Seiten heißen Schenkel.*

2 ✱ Zeichne im Trapez die Höhe h ein.

a)

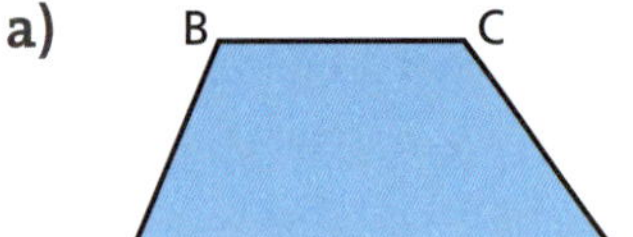

b)

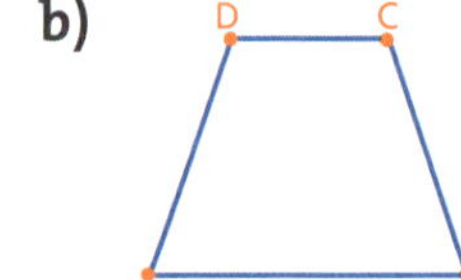

> ***Höhe des Trapezes***
> *Der Normalabstand der parallelen Seiten ist die Höhe des Trapezes.*

3 ✱✱ Ergänze die Maße der eingezeichneten Winkel (1) des allgemeinen und (2) des gleichschenkligen Trapezes. Im gleichschenkligen Trapez sind die Schenkel gleich lang.

(1) (2)

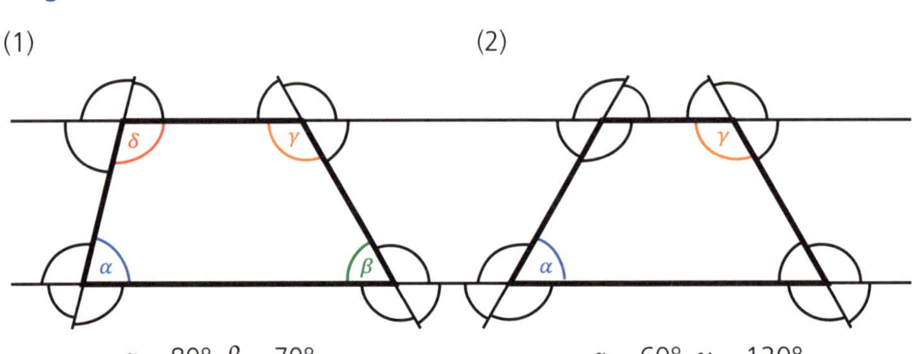

$\alpha = 80°$, $\beta = 70°$ $\alpha = 60°$, $\gamma = 120°$

4 ✱✱ Berechne die fehlenden Winkel.

a) allgemeines Trapez: $\alpha = 45°$, $\gamma = 105°$

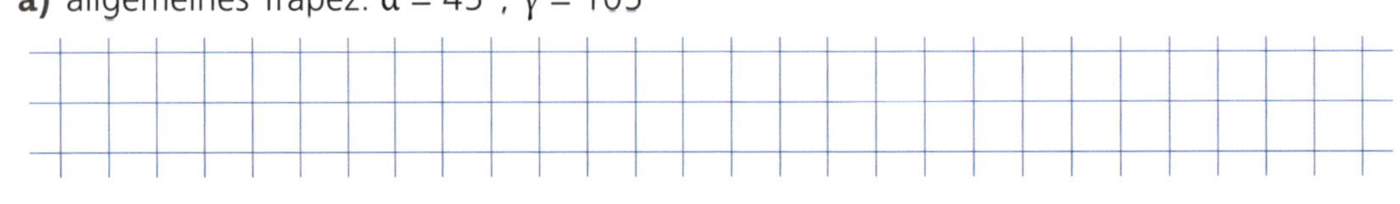

b) gleichschenkliges Trapez: $\delta = 112°$

5 Konstruiere das Trapez und beschrifte es vollständig.

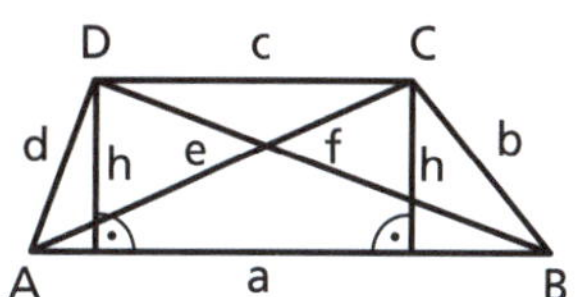

a) $a = 7$ cm, $b = 3$ cm, $\alpha = 50°$, $\beta = 60°$

b) $c = 7$ cm, $b = 4$ cm, $\gamma = 90°$, $\delta = 80°$

6 Konstruiere das gleichschenklige Trapez und beschrifte es vollständig. Zeichne den Umkreis ein und gib den Umkreisradius r_U an.

a) $a = 8$ cm, $b = 3$ cm, $\alpha = 65°$

b) $c = 4{,}5$ cm, $d = 3$ cm, $\gamma = 110°$

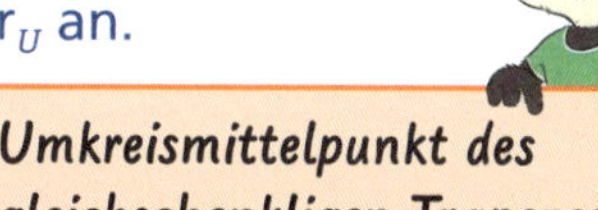

Umkreismittelpunkt des gleichschenkligen Trapezes

Der Schnittpunkt der Seitensymmetralen ist der Umkreismittelpunkt U.

7 Beschrifte das Deltoid vollständig.

a)

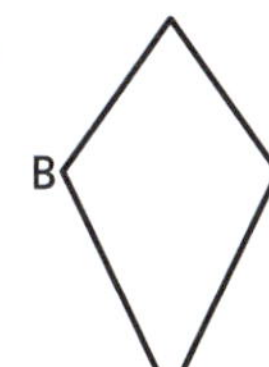

b)

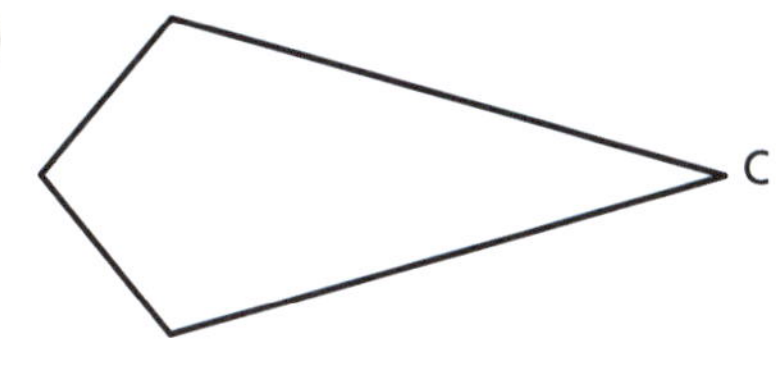

Deltoid (Drachenfigur)

Ein Deltoid ist ein Viereck mit zwei Paar gleich langen Nachbarseiten.

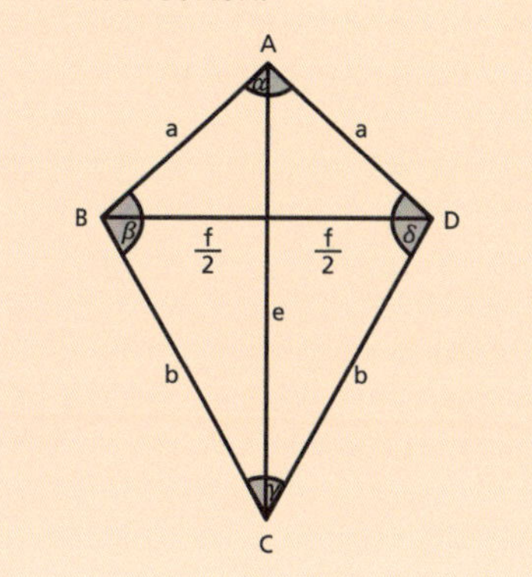

8 Kreuze die für ein Deltoid richtigen Aussagen an.

Jedes Deltoid hat eine Symmetrieachse.	
Die Innenwinkel sind alle verschieden groß.	
Die Diagonale e halbiert die Diagonale f.	
Die Innenwinkel β und δ sind gleich groß.	
Die Diagonalen stehen normal aufeinander.	

9 Berechne die fehlenden Winkel des Deltoids.

	a)	b)	c)
α	75°		120°
β	95°		
γ		30°	40°
δ		80°	

10 Konstruiere das Deltoid und beschrifte es vollständig.

a) $a = 3$ cm, $b = 9$ cm, $f = 5$ cm

b) $a = 4{,}6$ cm, $b = 8{,}2$ cm, $f = 7{,}2$ cm

E Flächeninhalte von Parallelogramm, Raute, Trapez und Deltoid

Höhe eines Parallelogramms
Die Höhen h_a und h_b sind die Normalabstände zwischen den parallelen Seiten a und b.

1 * Zeichne die Höhen h_a und h_b in das Parallelogramm ein. Berechne den Flächeninhalt. (Längeneinheit = 1 cm)

a) 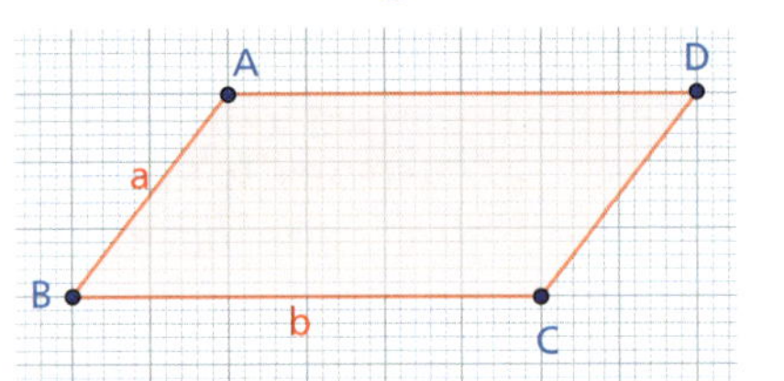

b) 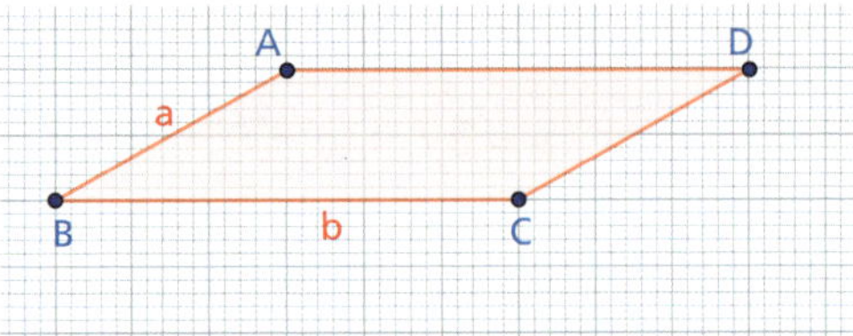

2 * Berechne den Flächeninhalt A des Parallelogramms.

a)

a	4 cm	5 dm	10 cm	12 m	13 dm
h_a	3 cm	4 dm	11 cm	0,5 m	6 dm
A					

b)

b	7 m	9 cm	10 dm	15 m	11 dm
h_b	8 m	8 cm	10 dm	4 m	5 dm
A					

3 ** Ergänze den vierten Eckpunkt so, dass ein Parallelogramm entsteht, und berechne den Flächeninhalt. (Längeneinheit = 1 cm)

a) $A = (0 \mid 1)$, $B = (5 \mid 1)$, $C = (4 \mid 4)$,

$D = (\_\_\_\_ \mid \_\_\_\_)$

b) $A = (\_\_\_\_ \mid \_\_\_\_)$, $B = (1 \mid 1)$, $C = (2 \mid 6)$,

$D = (-1 \mid 6)$

Flächeninhalt des Parallelogramms
Für den Flächeninhalt eines Parallelogramms mit den Seiten a und b und den Höhen h_a und h_b gilt:
$A = a \cdot h_a = b \cdot h_b$

4 * Berechne den Flächeninhalt der Raute.

a)

a	6 cm	4 cm	20 dm	22 m	3 m
h_a	2 cm	3 cm	10 dm	0,5 m	1,5 m
A					

b)

e	6 cm	7 dm	12 cm	15 m	11 dm
f	3 cm	6 dm	10 cm	14 m	8 dm
A					

5 * Berechne den Flächeninhalt der Raute. Lies benötigte Größen aus der Zeichnung ab. (Längeneinheit = 1 cm)

a) 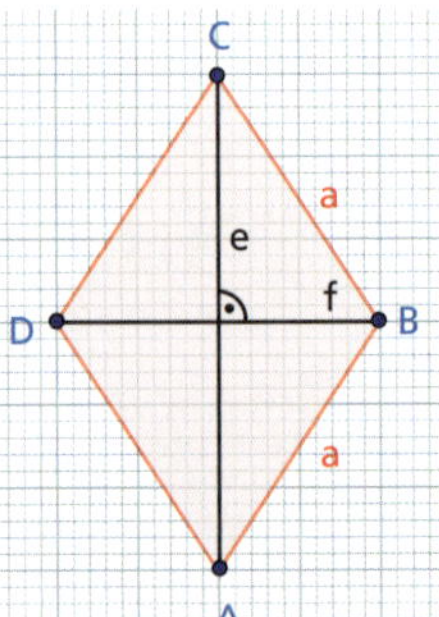

b) 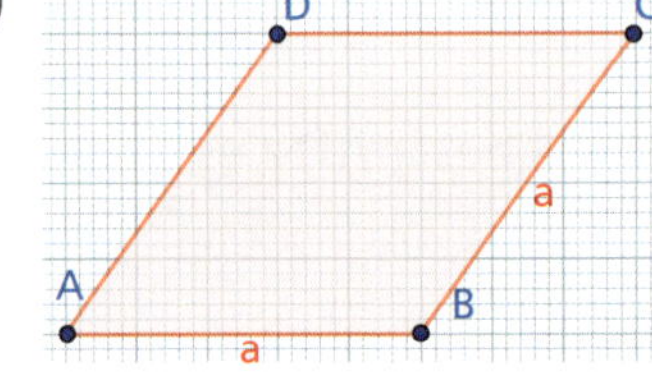

Flächeninhalt der Raute
Für den Flächeninhalt der Raute mit der Seite a, der Höhe h_a und den Diagonalen e und f gilt:
$A = a \cdot h_a = \frac{e \cdot f}{2}$

6 ✱ Konstruiere die Raute und berechne den Flächeninhalt. Miss benötigte Längen aus der Zeichnung ab.

a) $a = 4{,}5$ cm, $\alpha = 104°$ **b)** $a = 3{,}8$ cm, $\beta = 100°$

7 ✱ Zeichne die Höhe h (= Normalabstand der Parallelseiten) ein und berechne den Flächeninhalt des Trapezes. Lies benötige Längen aus der Zeichnung ab. (Längeneinheit = 1 cm)

a)

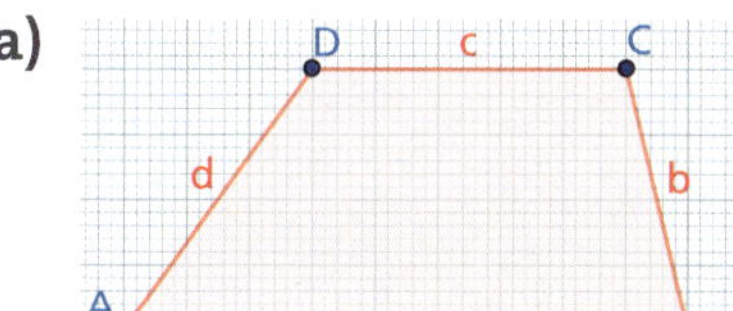

b)

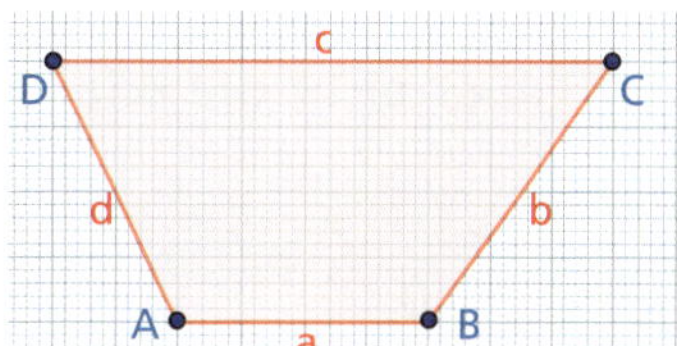

8 ✱✱ Zeichne das Trapez in ein Koordinatensystem und berechne den Flächeninhalt. (Längeneinheit = 1 cm)

a) $A = (2 \mid -1)$, $B = (8 \mid 1)$, $C = (4 \mid 4)$, $D = (1 \mid 3)$

b) $A = (-4 \mid 3)$, $B = (2 \mid 0)$, $C = (3 \mid 6)$, $D = (-1 \mid 8)$

Flächeninhalt eines Trapezes

Für den Flächeninhalt eines Trapezes mit den Parallelseiten a und c und der Höhe h gilt:

$A = \frac{1}{2} \cdot (a + c) \cdot h$

9 ✱ Berechne den Flächeninhalt des Deltoids. (Längeneinheit = 1 cm)

a)

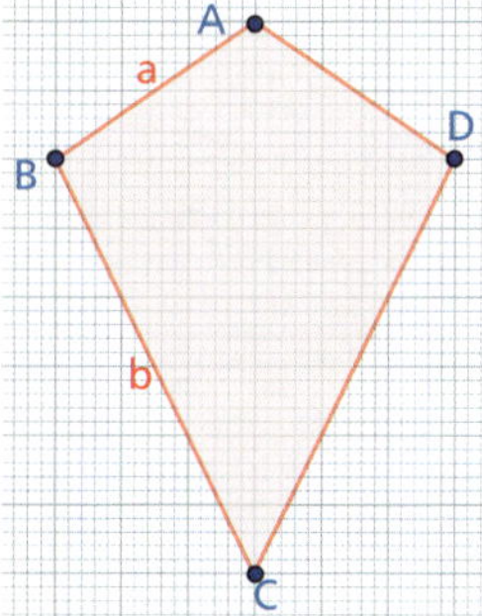

b)

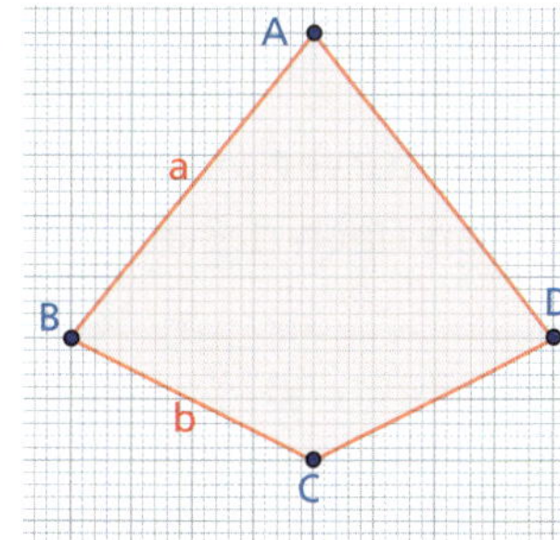

Flächeninhalt eines Deltoids

Für den Flächeninhalt eines Deltoids mit den Diagonalen e und f gilt:

$A = \frac{e \cdot f}{2}$

10 ✱ Berechne den Flächeninhalt des Deltoids.

a) $e = 4$ dm, $f = 7$ cm **b)** $e = 14{,}5$ cm, $f = 10{,}2$ cm **c)** $e = 4{,}4$ cm, $f = 5{,}5$ cm

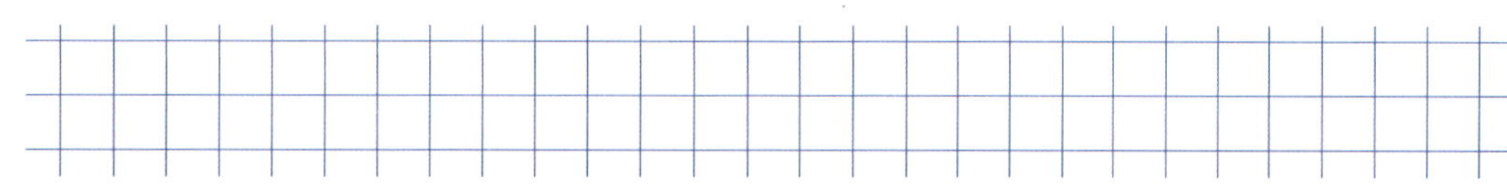

11 ✱✱ Konstruiere das Deltoid und berechne den Flächeninhalt.

a) $a = 5{,}1$ cm, $b = 7{,}8$ cm, $e = 7$ cm. **b)** $a = 7{,}1$ cm, $b = 5{,}4$ cm, $f = 10$ cm

9 Zuordnung – Proportionalität

A Darstellung von Zuordnungen

1 ✱ Erstelle anhand der Informationen im Text eine Tabelle, in der jeder Woche die Höhe einer Pflanze (in cm) zugeordnet wird.
Eine bestimmte Pflanze ragt zu Beginn der Beobachtungsperiode 0,5 cm aus dem Boden. Nach einer Woche hat sie eine Höhe von 2 cm erreicht und nach zweieinhalb Wochen 4,25 cm. Eine Höhe von 6,5 cm erreicht die Pflanze nach vier Wochen.

> ***Darstellung einer Zuordnung***
> *Eine Zuordnung kann in Worten beschrieben bzw. durch eine (Werte-)Tabelle oder graphisch dargestellt werden.*

Woche	0			
Höhe in cm				

2 ✱ In der Graphik ist die Tageshöchsttemperatur bzw. Tagestiefsttemperatur (in °C) von Montag bis Donnerstag in einer bestimmten Woche angegeben. Beschreibe die Zuordnung in Worten.

Mo.	Di.	Mi.	Do.
6° –4	6° 0°	11° 3°	7° 1°

3 ✱ Die Graphik zeigt den Temperaturverlauf (in °C) in einem Ofen bis 180 Minuten nach dessen Einschalten.
Kreuze die zutreffenden Aussagen an.

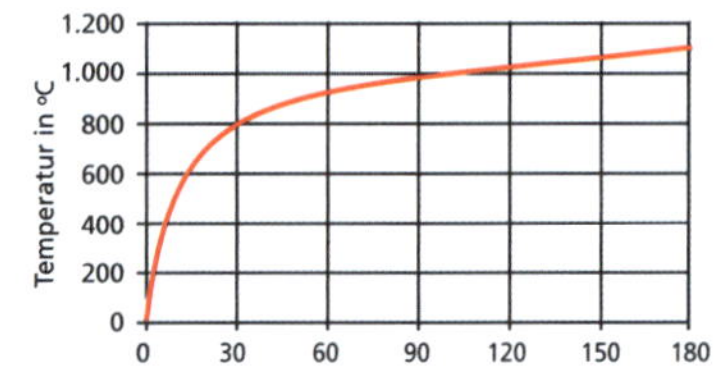

Nach 30 Minuten herrscht im Ofen eine Temperatur von über 800°C.	☐
Eine Temperatur von ca. 1 100°C wird nach drei Stunden erreicht.	☐
Nach 30 Minuten wird im Ofen eine höhere Temperatur gemessen als nach 90 Minuten.	☐
Nach 1,5 Stunden erreicht die Temperatur 1 000°C.	☐
Beim Einschalten des Ofens herrscht darin bereits eine Temperatur von 200°C.	☐

4 ✱ Heißes Wasser kühlt ab. Trage die zu bestimmten Zeitpunkten (in min) gemessene Wassertemperatur (in °C) in die Tabelle ein.
(t = 0 … Beginn der Beobachtung)

t	0	10	15	20	30
°C					

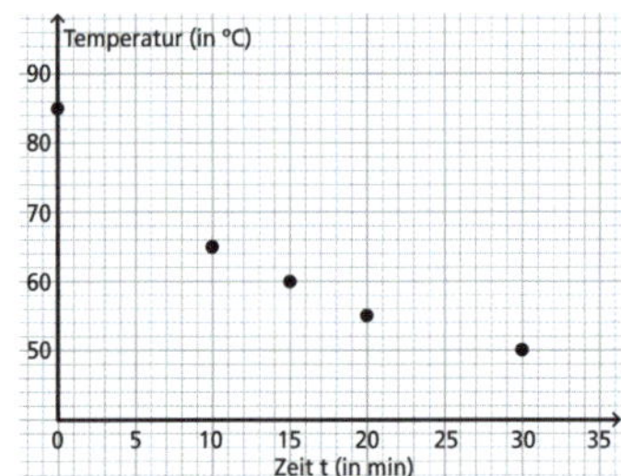

5 ✱✱ In einem Becken sind vor dem Öffnen des Abflusses 8 000 Liter Wasser. In der Tabelle sind die Wassermengen, die sich zu bestimmten Zeiten nach dem Öffnen des Abflusses noch im Becken befinden, angegeben. Zeichne den Graphen, der das Abfließen des Wassers darstellt, in das Koordinatensystem. Verbinde die Punkte zu einer glatten Linie.

t (in min)	Wassermenge (in l)
0	8000
5	7000
10	6000
15	5000
20	4000
30	2000
40	0

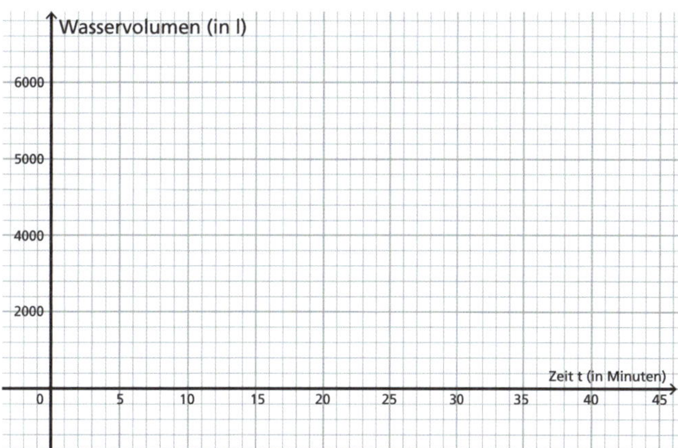

6 ✱ In ein Becken wird Wasser gefüllt. Die Wassermenge (in Liter) *t* Minuten nach dem Beginn des Füllvorgangs ist in der Tabelle angegeben.

a) Zeichne den Graphen der Zuordnung. Verbinde die Punkte zu einer glatten Linie.

t (in min)	Wassermenge (in l)
0	500
5	1000
10	1500
20	2500

b) Kreuze die richtigen Aussagen an.

Es fließen pro Minute 500 l Wasser in das Becken.	☐
Zu Beginn des Füllvorgangs sind bereits 500 l Wasser im Becken.	☐
Zu Beginn des Füllvorgangs ist das Becken leer.	☐
Pro Minute fließen 100 l Wasser in das Becken.	☐
Nach 35 Minuten befindet sich siebenmal so viel Wasser im Becken wie zu Beginn des Füllvorgangs.	☐

B Direkte Proportionalität

1 ✱ Ergänze die Tabelle. Die Größen *x* und *y* stehen in einem direkt proportionalen Zusammenhang.

Direkte Proportionalität
Eine **Verdoppelung, Halbierung, Verdreifachung** ... der einen Größe bedeutet auch eine **Verdoppelung, Halbierung, Verdreifachung** ... der anderen Größe.

a)

x	y
1	4
2	
3	
4	
5	

b)

x	y
1	2,5
5	
6	
10	
20	

c)

x	y
1	0,5
20	
30	
50	
100	

2 ✱✱ Ergänze die Tabelle. Die Größen *x* und *y* stehen in einem direkt proportionalen Zusammenhang.

a)

x	y
0	
1	
2	10
3	
4	
5	

b)

x	y
1	
5	
20	10
30	

3 ✱✱ Die Größen *x* und *y* stehen in einem direkt proportionalen Zusammenhang. Ergänze die Tabelle und stelle die Zuordnung graphisch dar. Verbinde die Punkte zu einer glatten Kurve.

x	y
0	
1	
2	3
3	
4	
5	

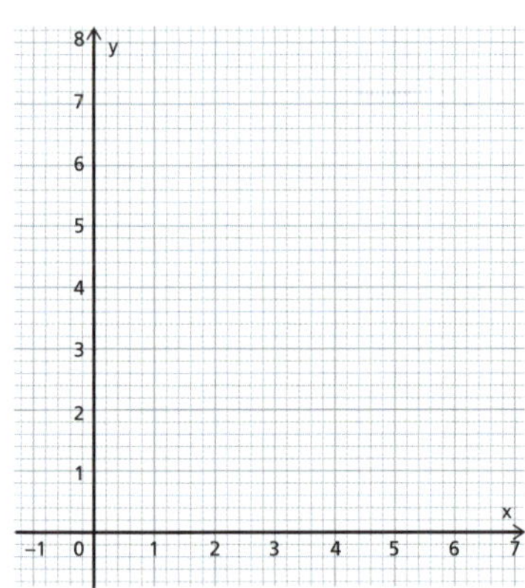

4 ✱✱ Die Größen *x* und *y* stehen in einem direkt proportionalen Zusammenhang. Ergänze die Tabelle und stelle die Zuordnung graphisch dar. Verbinde die Punkte zu einer glatten Kurve.

x	y
0	
2	
3	
5	
7	70

5 ✱✱ Entscheide, ob die Größen *x* und *y* in einem direkt proportionalen Verhältnis zueinander stehen. Begründe deine Entscheidung.

a)

x	y
5	1
10	2
12	2,4
18	3,6

b)

x	y
3	21
6	42
7	56
11	88

Direkt proportional

*Ist der **Quotient** zweier Größen immer konstant, stehen die Größen in einem direkt proportionalen Zusammenhang.*

6 ✱✱ Entscheide, ob die beiden Größen in einem direkt proportionalen Zusammenhang stehen.

Zeit – zurückgelegte Wegstrecke	☐
Geschwindigkeit – Fahrzeit für eine bestimmte Strecke	☐
Arbeitszeit – Verdienst (bei einem fixen Stundenlohn)	☐
Menge – Gewicht (von gleich schweren Objekten)	☐
Bremsweg – Geschwindigkeit	☐

7 ✱✱ Ein Auto fährt mit einer konstanten Geschwindigkeit von 60 km/h. Welche Strecke würde das Auto in 4 Stunden zurücklegen? Erstelle eine Tabelle für die Größen „Stunden – Strecke".

8 ✱✱✱ Ein Maler benötigt 3 Stunden, um eine Wand mit einer Fläche von 30 Quadratmetern zu streichen. Wie lange würde es dauern, eine Wand mit einer Fläche von 45 Quadratmetern zu streichen? Erstelle eine Tabelle für die Größen „Quadratmeter – Stunden".

C Indirekte Proportionalität

1 * Ergänze die Tabelle. Die Größen *x* und *y* stehen in einem indirekt proportionalen Zusammenhang.

Indirekte Proportionalität
Eine **Verdoppelung**, **Halbierung**, **Verdreifachung** ... der einen Größe bedeutet auch eine **Halbierung**, **Verdoppelung**, **Drittelung** ... der anderen Größe.

a)

x	y
0,5	
1	9
3	
9	

b)

x	y
1	24
2	
3	
4	

c)

x	y
1	48
4	
6	
24	

2 ** Ergänze die Tabelle. Die Größen *x* und *y* stehen in einem indirekt proportionalen Zusammenhang.

a)

x	y
1	
2	
4	4
8	

b)

x	y
1	
3	
7	
21	1

3 ** Die Größen *x* und *y* stehen in einem indirekt proportionalen Zusammenhang. Ergänze die Tabelle und stelle die Zuordnung graphisch dar. Verbinde die Punkte zu einer glatten Kurve.

x	y
1	
2	
4	2
8	

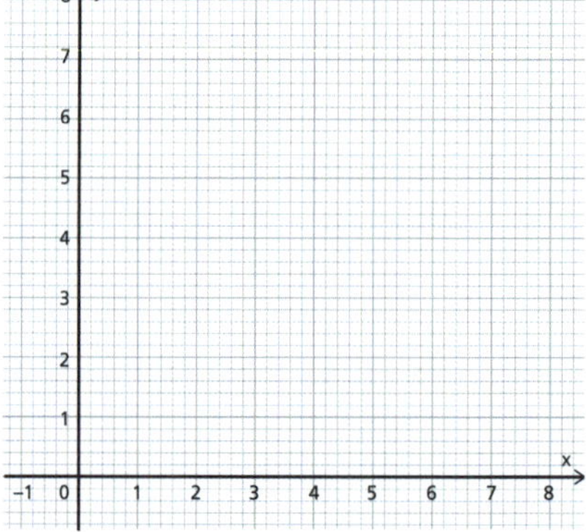

4 ✱✱ Die Größen x und y stehen in einem indirekt proportionalen Zusammenhang. Ergänze die Tabelle und stelle die Zuordnung graphisch dar. Verbinde die Punkte zu einer glatten Kurve.

x	y
1	
2	
3	
4	15
6	

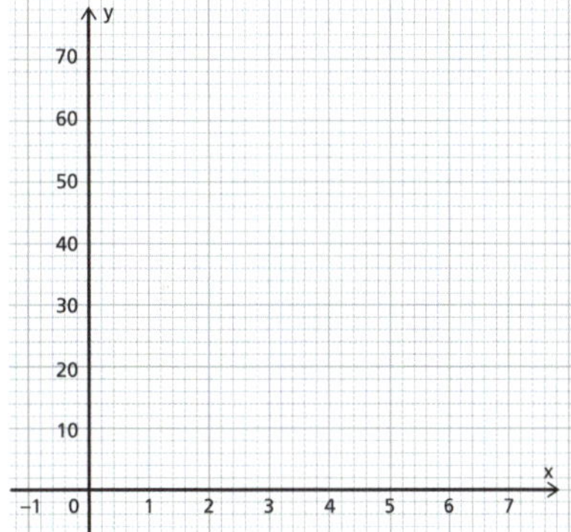

5 ✱✱ Entscheide, ob die Größen x und y in einem indirekt proportionalen Verhältnis zueinander stehen. Begründe deine Entscheidung.

a)

x	y
1	30
2	12
3	10
4	7
5	6

b)

x	y
1	60
5	12
10	6
20	3
40	1,5

Indirekt proportional
Ist das ***Produkt*** *zweier Größen immer konstant, stehen die Größen in einem indirekt proportionalen Zusammenhang.*

6 ✱✱ Entscheide, ob die beiden Größen in einem indirekt proportionalen Zusammenhang stehen.

Dauer einer Autofahrt – Pausenzeit an einer Raststation	☐
Geschwindigkeit – Fahrzeit für eine bestimmte Strecke	☐
Länge einer Quadratseite – Länge des Umfangs	☐
Wassermenge, die aus einem Rohr fließt – Füllzeit eines Beckens	☐
Bremsweg – Geschwindigkeit	☐

7 ✱✱✱ Ein Team von Arbeitern arbeitet an einem Bauprojekt. Die Anzahl der Arbeiter beeinflusst die Zeit, die benötigt wird, um das Projekt abzuschließen.

a) Wenn das Team 8 Stunden benötigt, um das Projekt abzuschließen, wie viele Stunden würden sie benötigen, wenn die Anzahl der Arbeiter verdoppelt wird?

b) Wenn das Team beschließt, die Anzahl der Arbeiter zu halbieren, wie ändert sich die Zeit, die für den Projektabschluss benötigt wird?

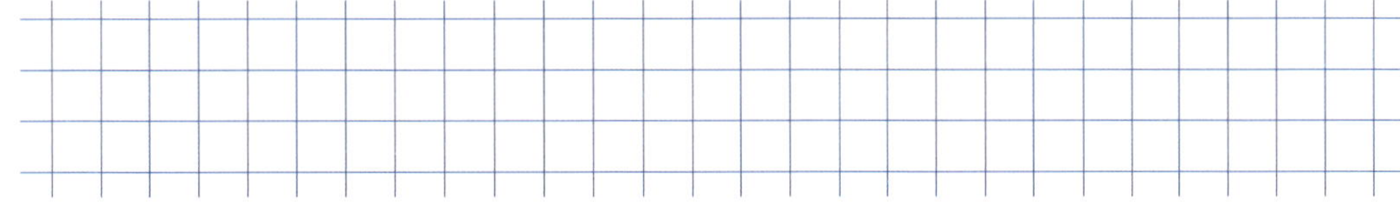

D Vermischte Textaufgaben

Gib bei den folgenden Aufgaben immer zuerst die beiden Größen an und das Verhältnis, in dem sie zueinander stehen.

1 ✱✱ Ein Auto fährt mit einer konstanten Geschwindigkeit von 80 km/h. Wie lange dauert es, um eine Strecke von 240 km zurückzulegen?

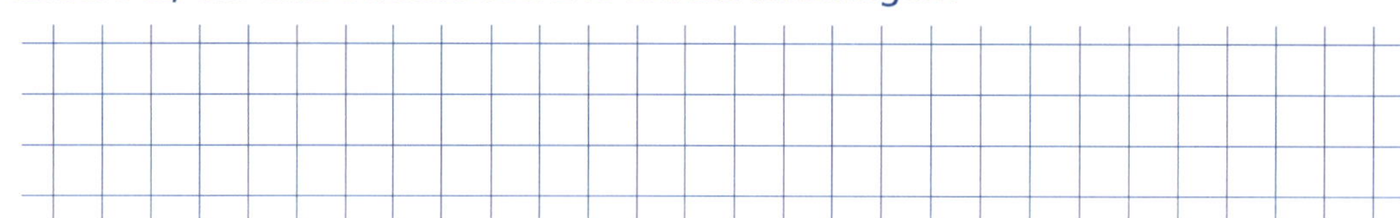

2 ✱✱ Eine Maschine kann 10 Teile in 5 Stunden produzieren. Wie viele Stunden benötigt sie, um 20 Teile zu produzieren?

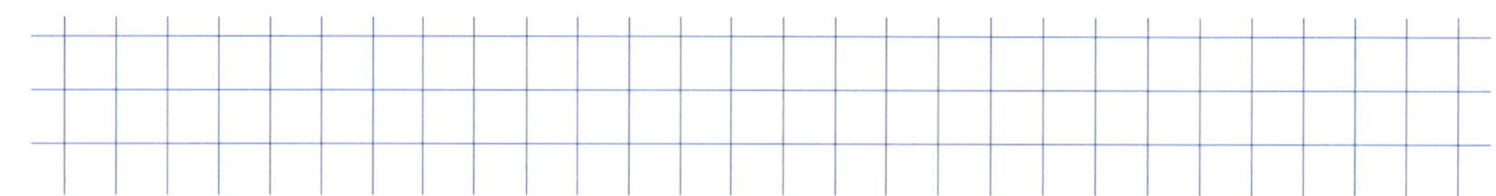

3 ✱✱ Ein Arbeiter kann einen Job in 12 Stunden erledigen. Wie viele zusätzliche Arbeiter müsste man einstellen, damit der Job in 4 Stunden fertiggestellt werden kann?

4 ✱✱ Ein Auto benötigt 10 Liter Benzin, um 100 km zu fahren. Wie viele Liter Benzin benötigt es, um 500 km zu fahren?

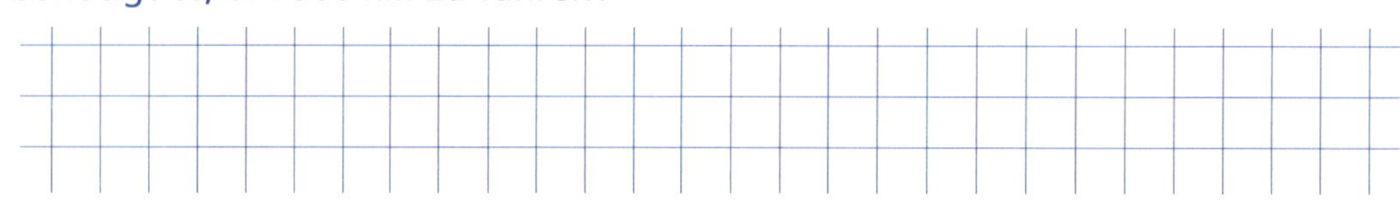

5 ✱✱ Ein Schwimmbecken kann von 3 Leitungen in 9 Stunden gefüllt werden.

a) Wie lange dauert es, wenn nur 2 Leitungen verwendet werden?
b) Um wie viele Stunden dauert das Befüllen des Beckens länger?

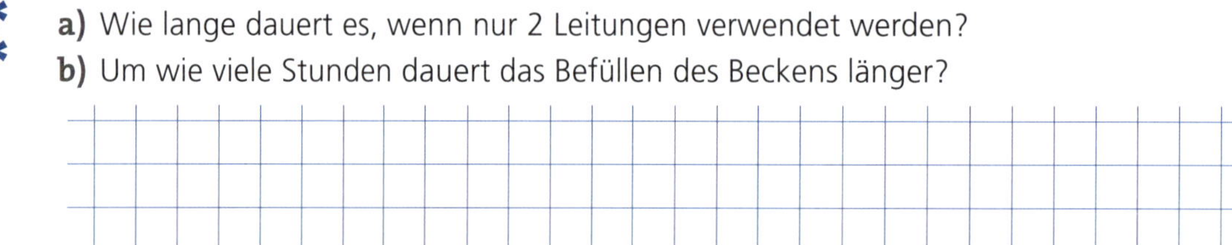

6 ✱✱ Das Volumen eines Gases beträgt 2 Liter bei 20 Grad Celsius. Wie groß wäre das Volumen bei 30 Grad Celsius, wenn der Druck konstant bleibt? (Hinweis: Bei abnehmender Temperatur nimmt auch das Volumen ab.)

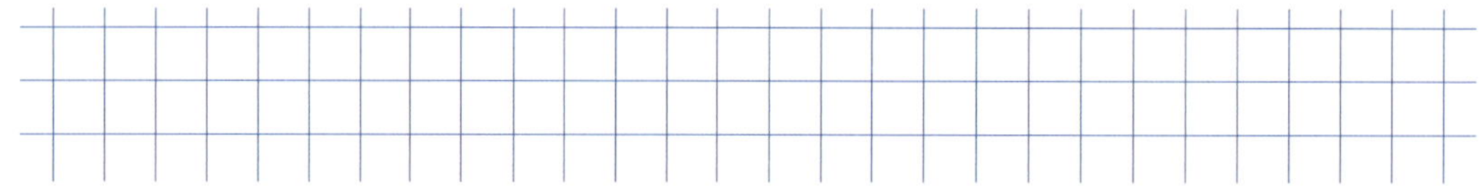

7 ✱✱

Ein Auto, das mit 60 km/h fährt, benötigt 4 Stunden für eine Strecke. Wie schnell müsste es fahren, um dieselbe Strecke in 3 Stunden zu bewältigen?

8 ✱✱✱

In der Gaststätte gibt es große Kuchenstücke zu 200 g und kleinere Stücke zu 150 g. Die großen Teile kosten 1,50 € pro Stück, die kleinen Teile 1,20 € pro Stück. Entscheide nachweislich, ob der Preis und das Gewicht der Kuchenstücke proportional zueinander sind.

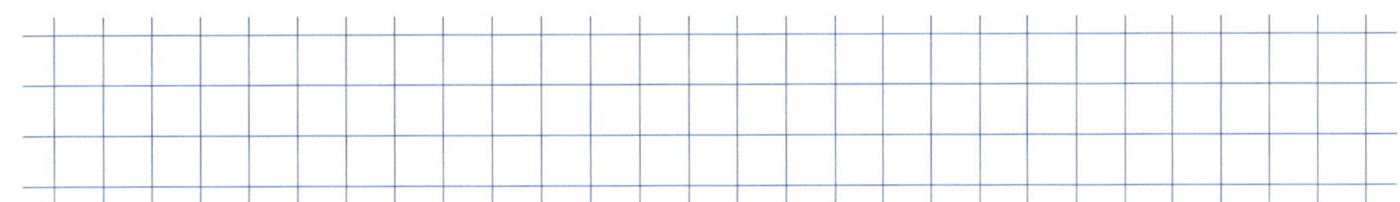

9 ✱✱✱

Theresa hat bei einem Experiment die in der folgenden Tabelle dargestellten Zusammenhänge zwischen den Größen *x* und *y* ermittelt:

x	3	7,5	10	18
y	1,8	4,5	7,5	10,8

a) Gib an, in welchem Verhältnis die beiden Größen zueinander stehen könnten und begründe deine Vermutung.

b) Bei einem Wertepaar ist Theresa ein Fehler unterlaufen. Gib das falsche Wertepaar an.

c) Ändere das Wertepaar so ab, dass dein vermutetes Verhältnis zwischen den Größen passt.

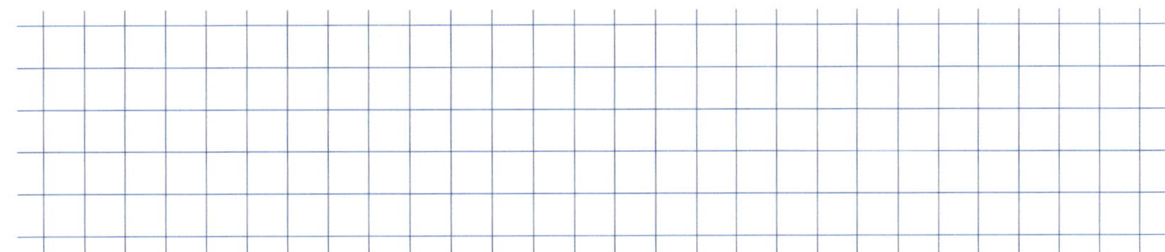

10 ✱✱✱

Durch ein Rohr fließt gleichmäßig Wasser in einen Behälter. Tina stellt fest, dass in 10 Sekunden genau ein Liter Wasser aus dem Rohr fließt.

a) Berechne, wie viel Liter Wasser in zwei Stunden aus dem Rohr fließen.

b) Nach zwei Stunden ist der Behälter vollständig gefüllt. Bestimme, wie viel Liter Wasser insgesamt im Behälter sind, wenn er zu Beginn bereits zu einem Viertel mit Wasser gefüllt war. (Hinweis: Es fehlen noch $\frac{3}{4}$ des Gesamtvolumens, bis der Behälter vollständig gefüllt ist.)

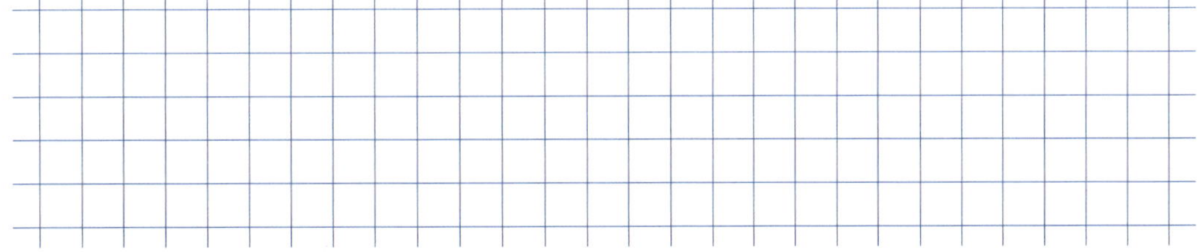

10 Statistik

A Absolute und relative (prozentuelle) Häufigkeiten

1 *

Eine Gruppe von 50 Personen wird nach der Lieblingsfarbe gefragt. Die absoluten Häufigkeiten für die einzelnen Farben sind der Tabelle zu entnehmen. Ergänze die relativen bzw. prozentuellen Häufigkeiten.

Farbe	absolute Häufigkeit	relative Häufigkeit	prozentuelle Häufigkeit
rot	12		
blau	18		
grün	8		
gelb	5		
orange	7		

a) Deute den Wert 12 im gegebenen Kontext.

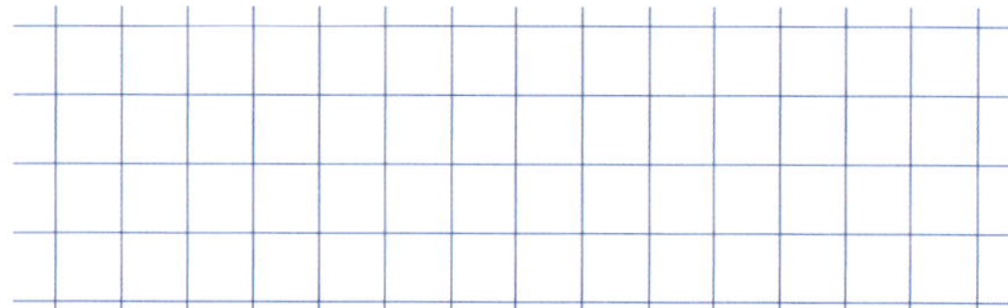

b) Erkläre den Wert für die prozentuelle Häufigkeit der Farbe „gelb" in Worten.

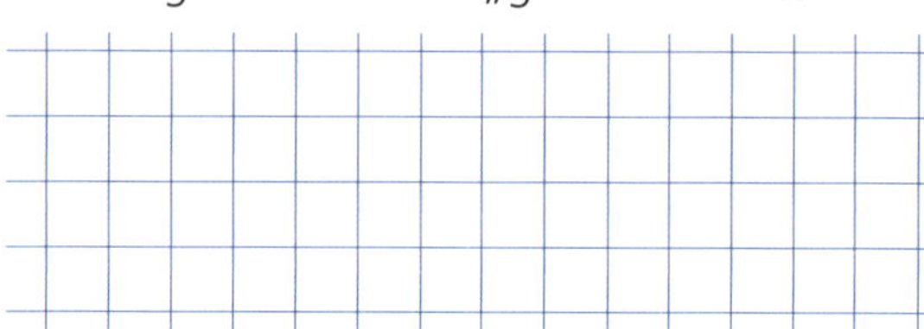

Häufigkeiten

- ***absolute*** *Häufigkeit: gibt an, wie oft ein Merkmal auftritt („Anzahl")*
- ***relative*** *Häufigkeit: das Verhältnis der absoluten Häufigkeit zur Gesamtzahl an Werten*

(d.h. $\frac{\text{absolute Häufigkeit}}{\text{Gesamtzahl der Werte}}$*)*

- ***prozentuelle*** *Häufigkeit: Prozentschreibweise der relativen Häufigkeit*

(d.h. $\frac{\text{absolute Häufigkeit}}{\text{Gesamtzahl der Werte}} \cdot 100\%$*)*

2 *

Die Tabelle gibt die Anzahl von Personen in einer bestimmten Altersgruppe an. Ergänze die relativen bzw. die prozentuellen Häufigkeiten der Personen in den verschiedenen Altersgruppen.

Altersgruppe	absolute Häufigkeit	relative Häufigkeit	prozentuelle Häufigkeit
Altersgruppe 0–10	13		
Altersgruppe 11–20	20		
Altersgruppe 21–30	16		
Altersgruppe 31–40	10		
Altersgruppe 41–50	23		

a) Gib die absolute Häufigkeit für die Altersgruppe 21–40 an.

b) Gib die prozentuelle Häufigkeit für die Altersgruppe 11–30 an.

3 ✱✱ Susi würfelt mit einem sechsseitigen Würfel und stellt die absoluten Häufigkeiten der gewürfelten Augenzahlen in einem Säulendiagramm dar. Beantworte anhand des Diagramms die Fragen.

a) Wie oft würfelt Susi insgesamt?
b) Wie groß ist die absolute Häufigkeit für die Augenzahl 5?
c) Wie groß ist die prozentuelle Häufigkeit für die Augenzahl 2?
d) Wie groß ist die absolute Häufigkeit für die Augenzahlen 4, 5 und 6?
e) Wie groß ist die relative bzw. prozentuelle Häufigkeit für die Augenzahlen 1, 2 und 3?

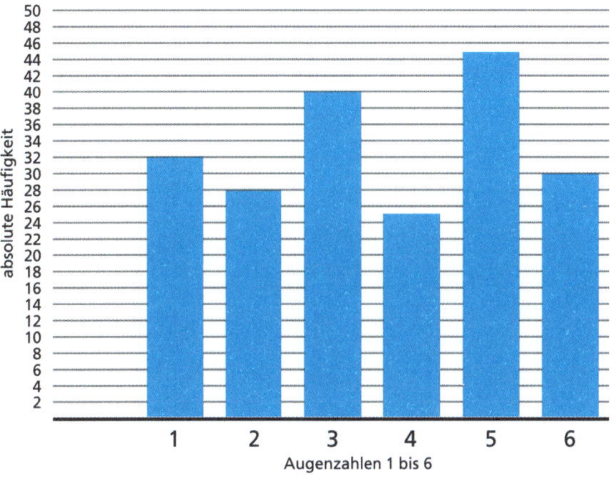

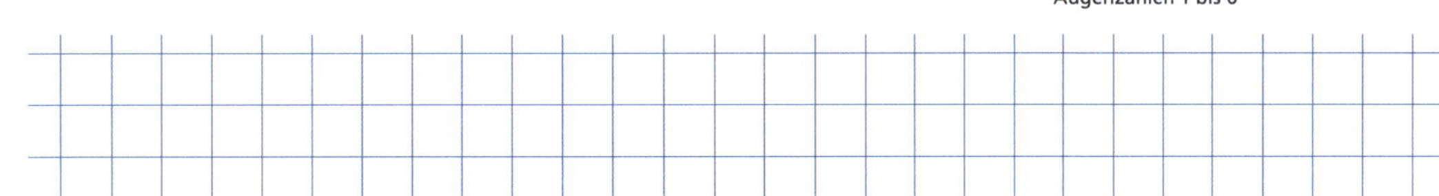

4 ✱✱✱ Es werden die Personen in den Gruppen A, B, C, D und E gefragt, ob sie ein Smartphone besitzen. In der Tabelle ist das Ergebnis der Befragung dargestellt. Kreuze alle Aussagen an, die zur Tabelle passen.

Gruppe	Anzahl der Personen	Anzahl der Smartphone-Besitzer
A	20	15
B	30	25
C	25	20
D	15	10
E	10	7

Es werden insgesamt 200 Personen befragt.	☐
In den Gruppen B, C und D gibt es gleich viele Personen, die kein Smartphone besitzen.	☐
In der Gruppe E ist die prozentuelle Häufigkeit der Personen, die kein Smartphone besitzen, 70%.	☐
Die absolute Häufigkeit der Personen, die ein Smartphone besitzen, ist in den Gruppen A, B und C zusammen 100.	☐
Die absolute Häufigkeit der Personen, die ein Smartphone besitzen, ist in den Gruppen D und E zusammen 25.	☐
Die relative Häufigkeit der Personen, die kein Smartphone besitzen, ist in den Gruppen A und B zusammen $\frac{1}{5}$.	☐

B Graphische Darstellung von Daten

1 ✱ Trage die Daten in die Tabelle ein und zeichne ein Säulen- bzw. Balkendiagramm.
20 Kinder wurde befragt, wie sie zur Schule kommen:
11 kommen zu Fuß, 4 mit dem Fahrrad und der Rest mit dem Bus.

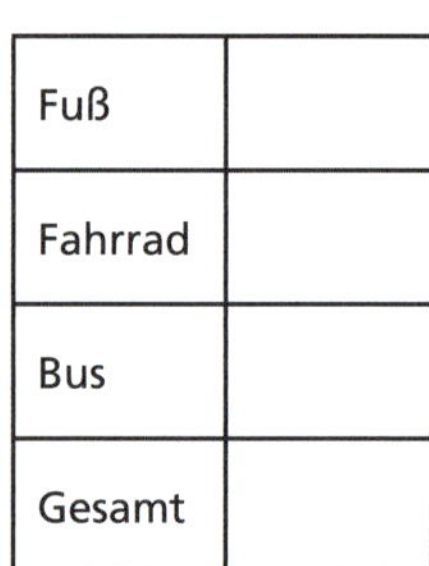

Fuß	
Fahrrad	
Bus	
Gesamt	

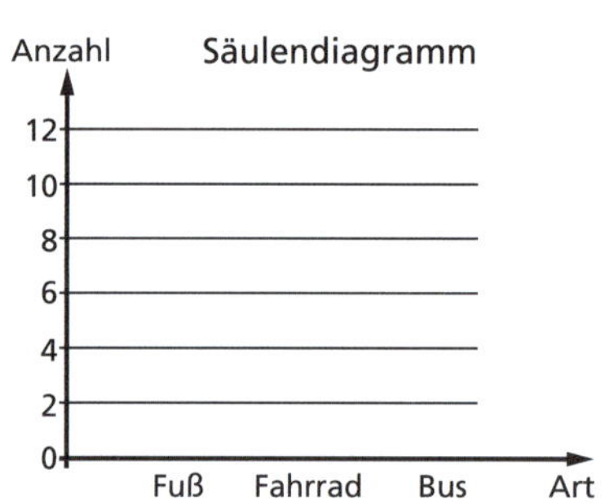

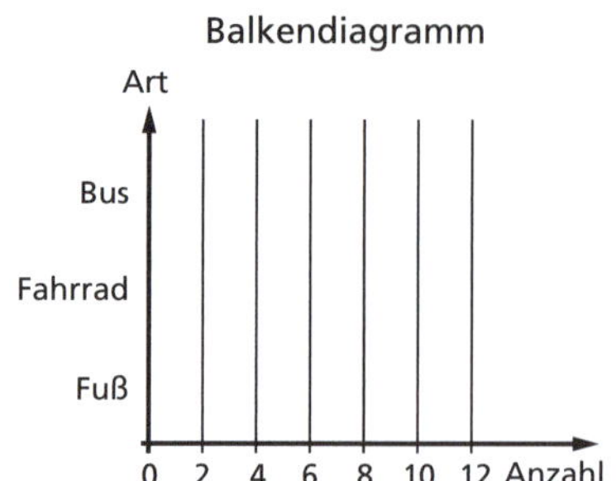

2 ✱ Bei einer Mathematikschularbeit sind die Noten wie folgt verteilt:

Note	1	2	3	4	5
Anzahl	2	3	8	5	2

Erstelle ein Balkendiagramm.

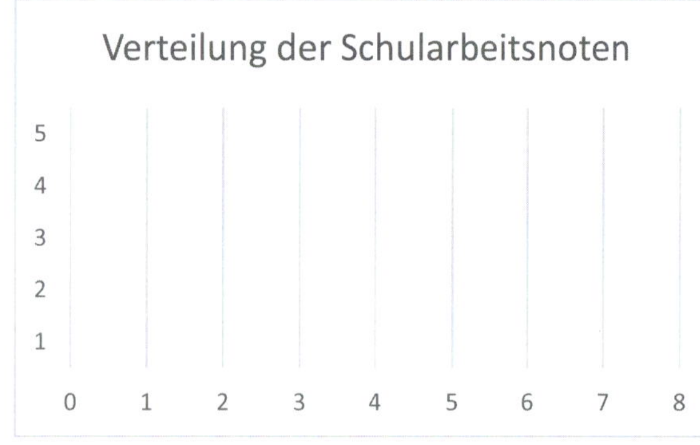

Diagramme

- ***Säulendiagramm:*** *die Häufigkeiten werden durch senkrechte Rechtecke dargestellt.*
- ***Balkendiagramm:*** *die Häufigkeiten werden durch waagrechte Rechtecke dargestellt.*
- ***Piktogramm:*** *eine bestimmte Anzahl von Elementen wird durch ein Bild dargestellt.*

3 ✱ In den Jahren 2021 bis 2023 ist bei einem Händler der Verkauf einer bestimmten Automarke zurückgegangen. Die Verkaufszahlen sind in einem Piktogramm dargestellt.

a) Im Jahr 2021 wurden 192 Autos verkauft. Gib an, wie viele verkaufte Autos dieser Marke durch ein Autosymbol dargestellt werden.

b) Bestimme die Verkaufszahlen für dieser Automarke für die Jahre 2022 und 2023.

4 ✱✱ Touristen reisen in einer bestimmten Urlaubsregion mit unterschiedlichen Verkehrsmitteln an. Ein Piktogramm des jeweiligen Verkehrsmittels entspricht 20 000 Touristen, die in der Region eintreffen.

Zug
Bus
Auto
Flugzeug

a) Berechne, wie viele Touristen mit dem jeweiligen Verkehrsmittel anreisen.

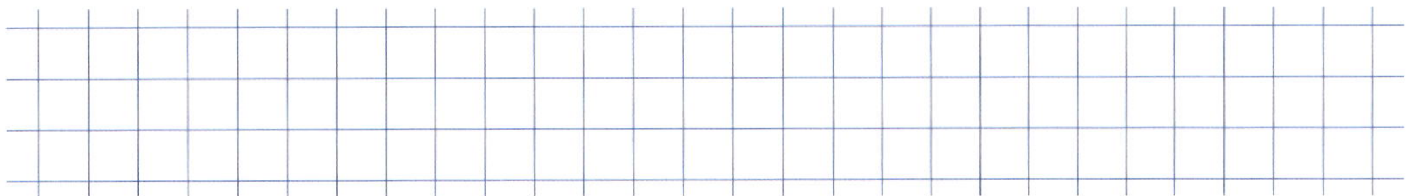

b) Gib die relative Häufigkeit der Touristen an, die mit dem Zug anreisen.

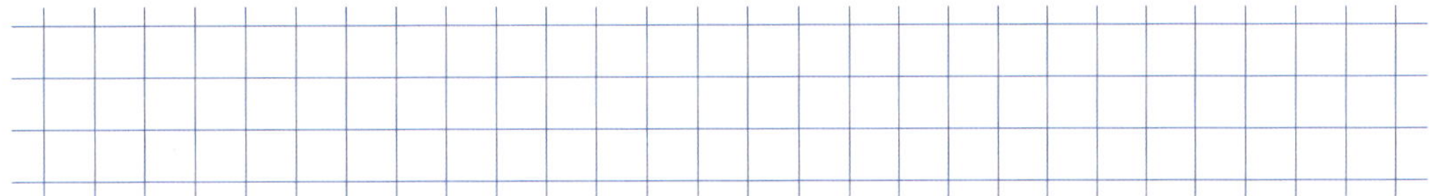

c) Gib die prozentuelle Häufigkeit der Touristen an, die mit dem Auto oder dem Flugzeug anreisen.

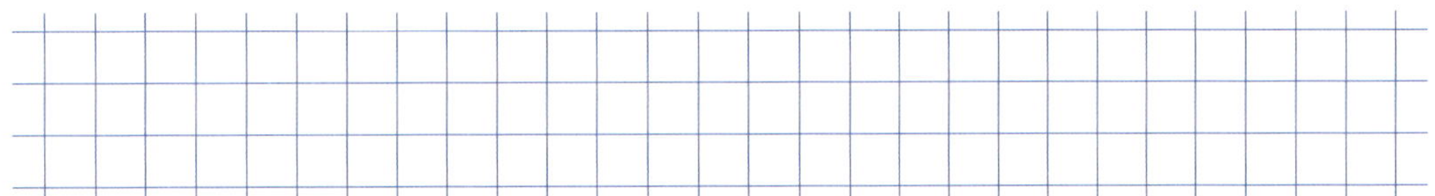

5 ✱✱ Ein 50 kg schweres Lebewesen besteht aus den im Säulendiagramm angegebenen Stoffmengen. Gib die einzelnen Stoffmengen in Prozent an und stelle sie

a) in einem Prozentstreifen,
b) in einem Prozentkreis dar.

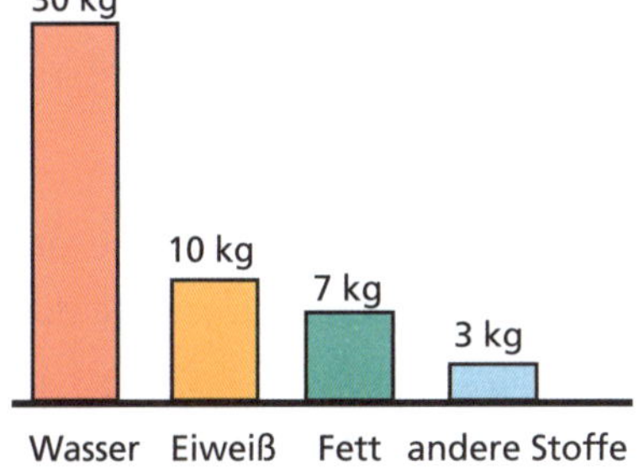

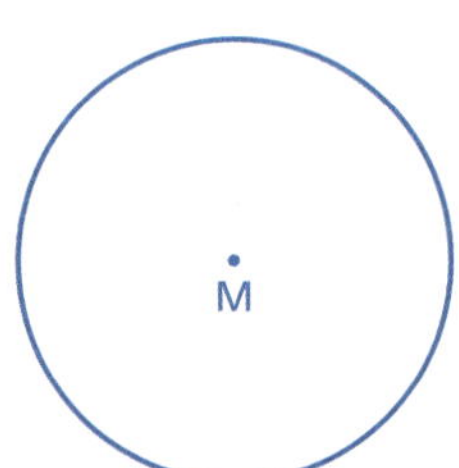

Prozentstreifen / Prozentkreis

- ***Prozentstreifen:*** *1 mm in einem 10 cm langen und 1 cm breiten Rechteck („Streifen") entspricht 1%.*
- ***Prozentkreis:*** *3,6° in einem Kreis mit beliebigem Radius und dem Scheitel M entsprechen 1%.*

C Vierfeldertafel und Baumdiagramm

1 ✱ Bei einem Test wurde das erfolgreiche bzw. nicht erfolgreiche Abschneiden einer Gruppe von Burschen und Mädchen bei einem Test untersucht und in einer Vierfeldertafel eingetragen.

	Burschen	Mädchen	gesamt
erfolgreich	40	60	
nicht erfolgreich	30	20	
gesamt			

a) Ergänze die fehlenden Zahlen.
b) Gib die relative Häufigkeit der Burschen in der ganzen Gruppe an.
c) Gib die relative Häufigkeit der erfolgreichen Mädchen in der ganzen Gruppe an.
d) Gib die relative Häufigkeit der nicht erfolgreichen Burschen in der Gruppe der Burschen an.
e) Gib die relative Häufigkeit der erfolgreichen Mädchen in der Gruppe der Mädchen an.

Vierfeldertafel
Eine Vierfeldertafel stellt den Zusammenhang zwischen zwei Merkmalen (z.B. Geschlecht – Erfolg / Misserfolg beim Test) dar.

2 ✱✱ In einer Gruppe von Personen verbringen 40% den Urlaub in Österreich, der Rest im Ausland. Von den Personen, die in Österreich Urlaub machen, benutzen 80% das Auto und der Rest andere Verkehrsmittel. Von den Auslandsurlaubern benutzen 70% das Flugzeug und der Rest andere Verkehrsmittel.

a) Ergänze die fehlenden relativen (prozentuellen) Häufigkeiten im Baumdiagramm.
b) Berechne die relativen (prozentuellen) Häufigkeiten der jeweiligen Kombinationsmöglichkeiten.

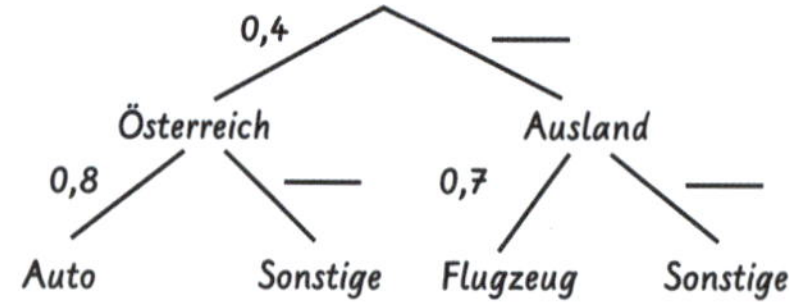

3 ✱✱ In einer Schulkantine entscheiden sich 45% der Jugendlichen für die vegetarische Mahlzeit und der Rest für das Fleischgericht. $\frac{2}{5}$ der Jugendlichen wählen jeweils vorher die Suppe, $\frac{3}{5}$ nehmen stattdessen eine Nachspeise.

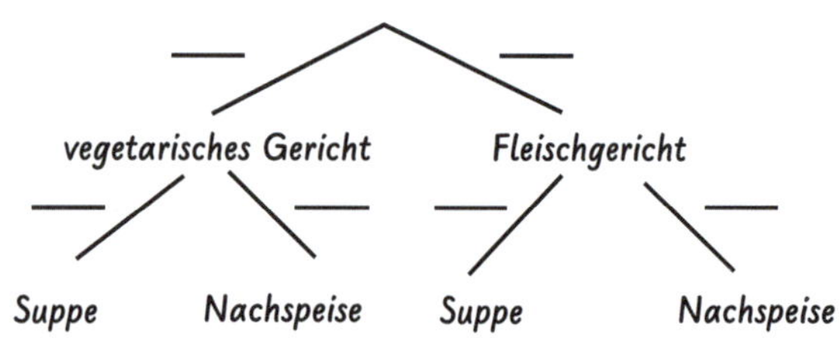

Berechne die relativen Häufigkeiten der einzelnen Kombinationsmöglichkeiten.

Baumdiagramm
- *Aus einem Baumdiagramm kann man die Kombinationsmöglichkeiten von Merkmalen (z.B. Reiseland – Verkehrsmittel) herauslesen.*
- *Die relative (prozentuelle) Häufigkeit für ein Merkmal schreibt man zum passenden „Pfad".*
- *Die relative Häufigkeit für eine Kombination (bezogen auf die Gesamtheit) ist das Produkt der relativen Häufigkeiten entlang der Pfade.*